零基础玩转
DeepSeek

萧海◎著

群言出版社
QUNYAN PRESS
·北京·

图书在版编目（CIP）数据

零基础玩转 DeepSeek / 萧海著 . -- 北京 : 群言出版社，2025. 4. -- ISBN 978-7-5193-1071-4

Ⅰ. TP18

中国国家版本馆 CIP 数据核字第 2025GR0904 号

责任编辑：孙华硕
封面设计：仙境设计

出版发行：群言出版社
地　　址：北京市东城区东厂胡同北巷 1 号（100006）
网　　址：www.qypublish.com（官网书城）
电子信箱：qunyancbs@126.com
联系电话：010-65267783　65263836
法律顾问：北京法政安邦律师事务所
经　　销：全国新华书店

印　　刷：三河市京兰印务有限公司
版　　次：2025 年 4 月第 1 版
印　　次：2025 年 4 月第 1 次印刷
开　　本：710mm × 1000mm　1/16
印　　张：10
字　　数：69 千字
书　　号：ISBN 978-7-5193-1071-4
定　　价：49.80 元

前言

实现财富自由的新工具——DeepSeek

在当今快节奏的社会中，我们每日忙碌奔波，怀揣着对财富自由的渴望，却常常在现实的重压下感到迷茫与无助。尽管我们努力工作，领取固定薪水，却发现财富增长的速度远远赶不上生活成本的上升。实现财富自由，似乎成了一个遥不可及的梦想。

然而，时代的发展总是带来新的机遇。在科技飞速进步的当下，一款名为DeepSeek的人工智能工具悄然崛起，为我们打开了一扇通往财富自由的新大门。它并非传统意义上的赚钱途径，而是通过智能化的数据分析、高效的工作辅助以及创新的投资策略，全方位助力我们提升能力、优化效率，开拓财富增长的新渠道。

本书正是为广大渴望改善财务状况的读者量身打造的。无论您是对科技一窍不通的“小白”，还是在财富积累的道路上苦苦摸索的奋斗者，无论是上班族、个体户、自媒体博主，还是全职宝妈，都能在本书中找到开启DeepSeek强大功能的钥匙。我们将从最基础的操作开始讲解，逐步深入到如何运用DeepSeek进行精准的市场分析、把握投资机会，乃至利用它开展副业，实现收入多元化。

希望通过阅读本书，您能轻松掌握DeepSeek这一强大工具，打破财富增长的瓶颈，迈出实现财富自由的坚实步伐，开启属于自己的财富新篇章。让我们一起借助科技的力量，重新定义工作与财富的关系，创造更加美好的未来。

CONTENTS 目录

第一章

10 分钟上手 DeepSeek

随着数字时代的迅猛发展，人工智能技术正以前所未有的速度重塑我们的工作和生活方式。DeepSeek，作为一款功能强大且极具创新性的人工智能助手，凭借其卓越性能，正在多个领域崭露头角，为我们的工作和生活提供全方位支持，助力我们高效且出色地完成各类复杂任务。

在数据分析领域，DeepSeek 凭借其强大的算法和数据处理能力，能够对海量数据进行精准分析，挖掘出数据背后隐藏的规律和趋势，为企业决策、市场调研等提供有力的数据支撑；在文档处理方面，它可以协助我们快速完成文档的撰写、编辑、校对等工作，无论是专业的学术论文，还是日常的商务报告，DeepSeek 都能通过智能的语言理解和生成技术，提高文档处理的效率和质量；在创意生成领域，DeepSeek 更是展现出独特的优势，能够激发用户的灵感，为自媒体策划、文学创作、艺术设计等提供丰富的创意素材和新颖的思路。

本章作为 DeepSeek 的入门指南，将通过简洁明了的步骤和实用的操作技巧，系统且全面地介绍 DeepSeek 的基本指令和使用方法。无论是初次接触人工智能的新手，还是寻求更高效工具的专业人士，都能在短短 10 分钟内轻松掌握 DeepSeek 的核心要点，实现从初步认识到熟练运用的跨越，切实感受到人工智能为生活和工作带来的巨大变革。

1.1 新手必学的 5 个核心指令

DeepSeek 作为一款强大的智能助手工具，以高效、灵活的交互方式为我们的工作和学习带来了极大的便利。无论是学生、职场人士还是科研工作者，DeepSeek 都能成为我们的得力助手。要快速掌握并高效运用 DeepSeek，以下 5 个核心指令是新手必学的关键。接下来，我们将逐一解析这 5 个核心指令：获取简洁答案、获取详细解释、生成结构化内容、定制输出风格、多轮对话优化，快速学会使用 DeepSeek。

1.1.1 指令一：获取简洁答案

在日常生活中，我们常常面临各种问题，但很多时候并不需要冗长的解释，一个简洁明了的答案就足以满足需求。例如，当我们询问："中国的四大发明是什么？"时，如果没有使用简洁指令，可能会得到包含发明背景、发展历程、传播影响等多方面的详细回答。但如果我们使用获取简洁答案的指令，就可以直接得到"中国的四大发明是造纸术、印刷术、火药、指南针"这样简洁明了的答案。

DeepSeek 的"获取简洁答案"指令正是为这种场景而设计的。它能够在海量信息中迅速提取核心要点，以最简洁的方式呈现答案，节省我们的时间和精力。

假设我们想要知道"巴黎的埃菲尔铁塔的高度是多少米"。

首先，我们可以在 DeepSeek 的输入框中输入："获取简洁答案：巴黎埃菲尔铁塔的高度是多少米?”(此步骤为“输入指令”)。其次，点击查询按钮或按下回车键(执行查询)，DeepSeek 会立即生成一个简洁的答案，如:“巴黎埃菲尔铁塔总高度为 324 米，其中塔身主体高 300 米，顶部天线部分高 24 米。”最终生成结果如下图所示。

获取简洁答案：巴黎的埃菲尔铁塔的高度是多少米?

已搜索到 40 个网页

已深度思考（用时 12 秒）

嗯，用户问的是巴黎的埃菲尔铁塔的高度是多少米，要简洁答案。我需要先看看搜索结果里的各个网页给出的数据。

网页 1 主要讲的是电影，里面提到埃菲尔铁塔高 300 米，加上天线 24 米，总高 324 米。不过这个网页的重点是电影信息，可能数据不够准确？不过网页 4、5、6、7、9 都有提到高度。比如网页 4 说总高 324 米，天线 24 米。网页 5 同样写的是 324 米，天线 24 米。网页 6 提到现高 324 米，但初始是 312 米，后来可能加高了？网页 7 和 9 则说 320 米，不过网页 7 可能数据有误，因为其他多个来源都是 324 米。网页 3 也提到 324 米，但内容主要是停车场的历史。网页 2 和 8、10 无法访问或者内容缺失。

所以综合来看，多个可靠的百科和资讯网页（如网页 4、5、6、9）都明确说明埃菲尔铁塔的总高度是 324 米，其中塔身 300 米，天线 24 米。虽然有个别网页提到 320 米，但可能是过时的信息或者笔误。因此，正确的答案应该是 324 米，引用多个来源。

巴黎的埃菲尔铁塔总高度为 324 米，其中塔身主体高 300 米，顶部天线部分高 24 米[6][7][8]。

在向 DeepSeek 获取简洁答案时，我们需要特别注意一些关键点。

第一，要明确指令，以确保问题中包含明确的关键词，这样 DeepSeek 才能更准确地定位信息。第二，语境要清晰，在复杂的话题中尽量提供足够的上下文信息，以帮助 DeepSeek 理解我们的具体需求，从而生成更精准的内容。

1.1.2 指令二：获取详细解释

与简洁答案相对应，有些问题需要更深入的探讨和详细的解释。当我们需要全面理解一个复杂的概念、深入研究一个主题，或者准备一个深度报告时，"获取详细解释"指令显得尤为重要。它不仅能够提供问题的答案，还能围绕问题展开，给出全面的分析和解释。

假设我们对"古罗马帝国的兴衰历程"感兴趣，希望深入了解古罗马帝国从崛起到衰落的全过程，包括其政治、经济、文化等方面的重要事件和影响因素。

与指令一的操作步骤相似。首先，我们在 DeepSeek 的输入框中输入"获取详细解释：古罗马帝国的兴衰历程"的语句（此步骤为"输入指令"）。其次，点击查询按钮或按下回车键（执行查询）。DeepSeek 会生成一个详细的解释，包括古罗马帝国从崛起到衰败，政治、经济、文化等方面的重要事件和影响因素等内容（查看结果）。最终生成的结果如下图所示（因内容过长，仅截取部分展示）。

获取详细解释：古罗马帝国的兴衰历程

已深度思考（用时 28 秒）

古罗马帝国的兴衰是古代世界最复杂的历史进程之一，其跨度超过千年（公元前 753 年建城至西罗马灭亡公元 476 年，东罗马延续至 1453 年）。以下是其兴衰历程的详细解析：

一、兴起阶段：从城邦到帝国

1．王政时期（公元前 753—前 509 年）

罗马起源于台伯河畔的小城邦，传说由罗慕路斯建立。早期由伊特鲁里亚国王统治，形成以元老院和公民大会为基础的城邦制度。

2．罗马共和国（公元前 509—前 27 年）

- **扩张与征服：**通过三次布匿战争（前264—前146年）击败迦太基，控制西地中海；征服希腊化诸国（马其顿、塞琉古等），成为地跨欧亚非的强国。
- **内部矛盾：**土地兼并、奴隶制经济引发平民与贵族冲突（如格拉古兄弟改革失败），军事强人崛起（马略、苏拉、恺撒）。
- **共和国崩溃：**恺撒独裁（前 49 年）引发元老院刺杀（前 44 年），屋大维在亚克兴战役（前 31 年）击败安东尼，终结共和国。

在向 DeepSeek 获取详细解释的提问过程中，注意以下事项可以让操作更高效。第一，我们要尽量提出具体、明确的问题，使问题具体化，避免过于宽泛或模糊；第二，在查看 DeepSeek 生成的结果时，需要注意筛选和提炼我们需要的信息，避免被冗余信息干扰。

1.1.3 指令三：生成结构化内容

在处理大量信息时，结构化内容能够帮助我们更好地理解和组织信息。DeepSeek 的“生成结构化内容”指令能够将复杂的信息按照一定的逻辑和格式进行整理和呈现，从而大大提高信息处理的效率和质量。

假设我们是一名手机产品经理，需要整理出包含手机行业的市场规模、增长率、主要企业、竞争格局等信息的市场分析报告。

与前文指令的操作步骤相似。首先，我们在 DeepSeek 的输入框中输入“生成结构化内容：手机行业市场分析报告，包括市场规模、增长率、主要企业、竞争格局等信息”的指令。其次，点击查询按钮或按下回车键。DeepSeek 会生成一个结构化的市场分析报告，其中包含有市场规模、增长率等关键指标的数据图表，以及对主要企业和竞争格局的详细分析。

为了更好地让 DeepSeek 生成结构化内容，我们在操作中要注意以下几点。第一，在输入指令时，我们需要明确自己想要的信息类型和呈现格式；第二，在查看 DeepSeek 生成的结果时，要注意核对数据的准确性和完整性。

1.1.4 指令四：定制输出风格

不同的场景和受众对信息的呈现风格有不同的需求。有些人喜欢简洁明了的风格，有些人则更倾向于生动形象的表达；有些场合需要正式的语言，而有些则可以更随意。DeepSeek 的“定制输出风格”指令，让我们能够根据自己的喜好和需求，调整输出信息的格式、语言风格等，从而更好地完成工作和学习。

假设我们准备为不同人群讲解量子力学，需要调整输出信息的风格。

与前文提到的操作步骤类似。首先，我们在 DeepSeek 的输入框中输入以下指令：“定制输出风格：为专业人士提供量子力学详细、专业的信息；给青少年学生用生动形象的方式介绍量子力学。”其次，点击查询按钮或按下回车键。DeepSeek 会根据我们列举的受众类型生成相应风格的输出结果。最终生成的结果如下图所示（因内容过长，仅截取部分展示）。

> 定制输出风格：为专业人士提供量子力学详细、专业的信息；给青少年学生用生动形象的方式介绍量子力学。
>
> 已深度思考（用时 30 秒）
>
> **面向专业人士的量子力学深度解析**
>
> （以下内容基于最新研究进展与数学严格性表述）
>
> ---
>
> **1．量子力学形式化体系**
>
> 量子系统的动力学演化由薛定谔绘景与海森堡绘景共同描述。在二次量子化框架

下，场算符满足对易关系：

其中 ± 号对应玻色子与费米子统计。对于拓扑非平庸系统，贝里曲率（Berry Curvature）在动量空间积分给出陈数（Chern number），标志量子霍尔效应的拓扑序。

2．开放量子系统与退相干

通过林德布拉德主方程描述耗散过程：

当前实验通过超导量子电路实现量子纠错码，如表面码（Surface code）的逻辑错误率已降至 10 - 410 - 4 量级。

3．前沿领域突破

- **AdS/CFT 对偶：**通过全息原理，4 维杨－米尔斯规范场论与 5 维反德西特时空引力理论等价，为量子引力提供非微扰描述。
- **量子神经网络：**基于参数化量子电路（PQC）的 VQE 算法，在分子基态能量计算中误差 <0.1 kcal/mol。
- **时间晶体：**利用弗洛凯（Floquet）驱动系统实现离散时间平移对称性破缺，在金刚石 NV 色心体系中观测到亚谐频响应。

给青少年学生的量子力学趣味探索

（用生活化类比与互动实验激发兴趣）

量子世界的魔法规则

规则 1：微观世界的“分身术”

▶ 现象：电子能像《火影忍者》的影分身，同时穿过两条缝隙（双缝干涉）。

▶ 实验：用激光笔照射 CD 光盘，观察彩虹条纹——这就是宏观版的“量子波动”！

规则 2：幽灵般的超距感应

▶ 类比：你和朋友各拿一盒“量子巧克力”，打开前可能是黑巧或白巧。当一人发现是黑巧，另一盒瞬间“坍缩”为白巧——这就是量子纠缠！

在使用 DeepSeek 进行输出风格定制时，注意以下事项能够帮助我们避免常见问题，并顺利生成理想的文本风格。第一，在输入指令之前，我们需要明确目标受众的类型和具体需求。第二，在编写指令时，应清晰地表达我们需要的信息风格和呈现方式。

1.1.5 指令五：多轮对话优化

在信息检索过程中，我们常常需要不断调整和深化问题，以获取更为精确的答案。DeepSeek 提供的“多轮对话优化”功能支持用户与系统进行多轮交互，通过逐步引导和反馈，不断优化查询结果，以满足深层次需求。

假设我们正在研究一个复杂的技术问题，需要逐步深入探讨。

与前文指令的操作步骤相似。首先，我们在 DeepSeek 的输入框中输入初始问题，例如：“××技术的原理是什么？”（此步骤为“输入初始指令”）。其次，点击查询按钮或按下回车键以执行查询，并查看 DeepSeek 生成的初步结果。如果此时我们对初步结果中未详细展开的问题感兴趣，并希望获取更多信息，可以根据初步结果提出更深入的问题，例如：“××技术在实际应用中遇到了哪些挑战？”或“有哪些改进××技术的方法？”

DeepSeek 强大的对话功能支持我们反复进行上述步骤，与 DeepSeek 进行多轮对话，直到获得满意的结果。

为确保使用 DeepSeek 进行多轮对话优化能够顺利开展，有以下几点需要特别注意，这些要点将直接影响输出效率。第一，应确保提问之间具有逻辑连贯性，避免出现跳跃式的问题；第二，在对话过程中，应及时向 DeepSeek 提供反馈，以帮助其更准确地理解我们的需求。

掌握 DeepSeek 的 5 个核心指令——获取简洁答案、获取详细解释、生成结构化内容、定制输出风格以及多轮对话优化，不仅能够帮助我们快速熟悉这款强大的信息检索工具，还能让我们在信息海洋中畅通无阻，高效获取并处理所需信息。通过合理运用这些功能，DeepSeek 将成为我们在学习、工作和生活中不可或缺的得力助手。

1.2 提问模板：怎么问才能得到好答案

在使用 DeepSeek 时，提问的质量直接决定了我们能否获得满意的答案。掌握有效的提问方法，就如同拥有一把开启知识宝库的钥匙。清晰、具体的问题能帮助我们节省大量时间，并快速找到所需的答案。

接下来，我们将深入探讨如何通过“明确问题的关键点”“运用结构化提问技巧”以及“避免模糊提问的常见错误”，来掌握实用的提问技巧和模板。这将帮助我们更好地利用 DeepSeek，获取精准且有价值的答案，从而获得高质量的回应。

1.2.1 明确问题的关键点

明确问题的关键点是让 DeepSeek 生成优质答案的基础。在向 DeepSeek 提问时，如果忽略了问题的核心，可能会导致答案泛泛而谈或完全偏离需求。因此，明确问题的关键点要求我们对自身需求有清晰的认识，明确最想了解的内容。

假设我们想为家中长辈制定健康饮食方案，仅简单地问“怎么吃才健康”，可能会得到过于宽泛或笼统的回答。但如果将问题细化为“对于患有高血压的老年人，日常饮食中怎么吃才健康”，就突出了“高血压老年人”这一关键点。这样，DeepSeek 就能提供更符合特定人群需求的饮食建议，例如建议使用限盐勺、用低钠酱油替代普通酱油等。

最终生成的结果如下图所示（因内容较长，仅截取部分展示）。

怎么吃才健康

已深度思考（用时 17 秒）

健康饮食是维持身体机能、预防疾病和保持良好精神状态的基础。以下是一些科学、实用的饮食建议，帮助你吃得健康：

一、均衡膳食结构

1．多样化摄入

- **主食多样化**：选择全谷物（糙米、燕麦、藜麦、全麦面包等）代替精制米面，增加膳食纤维和 B 族维生素的摄入。
- **蛋白质来源丰富**：鱼、禽、蛋、瘦肉、豆类、奶制品等搭配食用，减少红肉和加工肉类的比例。
- **多吃蔬菜水果**：每天摄入 300 ～ 500 克蔬菜（深色蔬菜占一半）、200 ～ 350 克水果，补充维生素、矿物质和抗氧化物质。

2．控制脂肪和糖分

- 优先选择健康脂肪（如橄榄油、坚果、深海鱼中的 Omega-3 脂肪酸），减少反式脂肪（油炸食品、糕点）和饱和脂肪（动物油、肥肉）。

对于患有高血压的老年人，日常饮食中怎么吃才健康

已深度思考（用时 27 秒）

高血压老年人的饮食需以“低盐、低脂、高钾、高纤维”为核心，结合个体健康状况调整。以下是具体建议：

一、严格控制钠盐摄入

1．每日盐量≤ 5 克（约一啤酒瓶盖），使用限盐勺，减少酱油、味精、酱料等

隐形盐。

2．避免高盐食物：咸菜、腊肉、香肠、罐头、速食面、零食（薯片、话梅）等。

3．天然调味替代盐：用葱、姜、蒜、柠檬汁、醋、香菜等提味。

二、增加钾、钙、镁的摄入

钾能帮助排钠，钙和镁可辅助降压：

- **高钾食物：**香蕉、菠菜、土豆、蘑菇、豆类、海带（肾功能正常者可适量食用）。
- **高钙食物：**低脂牛奶、酸奶、豆腐、黑芝麻、绿叶菜。
- **高镁食物：**全谷物、坚果（如杏仁、腰果）、深绿色蔬菜。

1.2.2 结构化提问技巧

结构化提问能使我们的问题更有条理，也便于 DeepSeek 理解和回答，从而生成更好、更精准的答案。常见的结构化提问方式有多种，这里我们为大家整理出较为实用的三种方法：按时间顺序提问、按因果关系提问和按重要性排序提问。

按时间顺序提问适用于很多场景，这种提问方式以时间为线索，将复杂的事物或事件发展历程进行有序梳理，让我们精准把握每个阶段的关键节点，从而构建出完整且清晰的认知体系。

假设我们想了解与工业革命有关的历史事件，我们可以按时间顺序提问："工业革命从兴起、发展到成熟，各个阶段的标志性事件有哪些？"这样的提问方式将工业革命这一复杂的历史进程按照时间顺序进行拆解，使 DeepSeek 能够依次阐述工业革命早期的珍妮纺纱机发明、中期的蒸汽机广泛应用以及后期的工厂制度完善等标志性事件，使我们对工业革命的发展脉络有清晰的认识。

通过系统性地探寻原因与结果，结构化的因果关系提问打破了事物表面的孤立性，使我们能够穿透表象，理解事物发展的内在动力与演变规律，有助于深入理解事物的内在联系。

假设最近市场上的猪肉价格上涨，我们可以探讨这一经济现象，并通过因果关系提问："近期猪肉价格上涨的原因是什么？对消费者和相关产业分别有哪些影响？"这样的提问明确了原因和结果两个方面。DeepSeek 会从生猪存栏量、饲料成本、市场需求等角度分析价格上涨的原因，再从消费者购买行为变化、猪肉加工企业成本变动等方面阐述对不同主体的影响。

按照重要性排序提问可以帮助我们抓住重点，使我们在面对海量信息与复杂问题时，能够依据事物的价值程度进行层级划分，迅速聚焦关键因素，将有限的精力与资源集中于核心要点，避免被次要信息干扰，从而高效解决问题。

假设我们正在学习一门新的编程语言——Python，可以按重要性排序提问："学习 Python 语言，最重要的三个基础知识点是什么？它们之间的关联如何？"这种提问方式让 DeepSeek 能够聚焦关键知识点，如变量、数据类型和控制语句，同时阐述它们之间的相互关系，使我们在学习过程中能够有的放矢。

1.2.3 避免模糊提问的常见错误

模糊提问会导致我们得到的答案无法满足需求，因此我们要尽量避免使用模糊的提问方式。接下来，我们为大家介绍几种常见的模糊提问错误。

指代不明的问题会让 DeepSeek 感到困惑。当提问中使用模糊的代词而未明确界定所指对象时，DeepSeek 难以判断核心指向，从而无法在其庞大的知识体系中精准定位。这会导致理解偏差，进而无法提供符合提问者需求的准确回复。

若我们向 DeepSeek 提问“它最近的发展怎么样”，这里的“它”没有明确指向，DeepSeek 无法确定我们指的是某个产品、某项技术还是某个企业。正确的问法应该是“××公司旗下芯片业务在 2025 年的发展如何”，这样明确了具体对象，才能获得准确的信息。

缺乏限定条件也是一些人常犯的错误。如果提问中没有对范围、属性、程度等关键要素加以限定，问题范畴会变得宽泛而模糊，使 DeepSeek 无法明确问题的边界。这会导致可定位的信息过多而生成的答案缺乏针对性和实用性。

如果我们想去旅游，提问“哪个城市适合旅游”没有结合自身实际的限定条件，而世界上的城市非常多，DeepSeek 可能会生成许多不符合我们实际条件的答案。如果改为“在预算有限的情况下，国内有哪些适合年轻人穷游的城市”，增加了“预算有限”“国内”“年轻人穷游”等限定条件，DeepSeek 就能给出如重庆、成都、西安等符合我们实际情况的城市，并介绍这些城市的低成本旅游景点和住宿推荐。

语义含混不清的问题同样会影响回答的质量。当提问的表述用词模糊、概念混淆、逻辑不明时，DeepSeek 难以准确解析问题意图，也无法理解提问者希望获取的信息，从而无法提供有效的解答。

如果我们直接问“这个东西好用吗”，由于“东西”指代不明，“好用”的标准也不清晰，DeepSeek 将无法给出确切的答案。相反，我们可以具体地问：“××牌手机的拍照功能在同价位手机中表现如何？是否能满足日常拍摄和摄影爱好者的需求？”通过明确表达我们对手机拍照功能的关注和评价标准，才能获得有价值的答案。

在使用 DeepSeek 时，通过明确问题的关键点，运用结构化的提问技巧，并避免模糊提问的常见错误，我们能够显著提高提问的质量，从而获得更准确、更实用的答案。这不仅提升了我们使用 DeepSeek 的效率，还帮助我们在知识获取和问题解决等方面取得更好的效果。随着不断实践和总结经验，我们的提问能力也会逐步提升，从而让 DeepSeek 更好地服务于我们，助力我们在学习、工作和生活中不断进步。

无论是在学术研究、技能学习还是日常生活中面对各种问题，掌握提问技巧都能帮助我们打开深入理解与解决问题的大门。

1.3 生成错误答案后，如何纠正

在使用 DeepSeek 的过程中，尽管其技术先进且功能强大，但偶尔也会生成错误答案。这些错误可能源于多种因素，例如问题表述不够清晰、上下文信息不足或 AI 的理解偏差等。遇到这种情况，无须过于担心，我们可以通过一系列策略性的调整和优化，有效地纠正错误答案，从而提高问答的准确性和效率。

接下来，我们将从以下几个关键方面分点阐述：调整问题的表述方式、追问与细化问题，以及利用上下文优化后续提问。

1.3.1 调整问题的表述方式

当 DeepSeek 生成的答案不符合预期时，可以先尝试调整问题的表述方式。不同的表述方式可能引导 AI 产生不同的理解，从而提供更符合需求的答案。

首先，我们可以尝试简化问题。如果问题过于复杂或冗长，DeepSeek 可能会误解重点。这时，不妨将问题简化，去除不必要的细节，直接聚焦核心需求。

假设我们原本提出的问题是“请详细解释人工智能在医疗领域的应用，包括但不限于诊断、治疗、康复等方面”，但得到的答案并不符合预期。那么，可以将问题简化为“请列举人工智能在医疗诊断中的三个主要应用”。

其次，明确目标也至关重要。务必要在问题中清晰表述自己的目标和期望。

如果期望得到具体的解决方案，而非泛泛的理论解释，就需要在问题中明确指出。

当我们在工作中遇到线上营销转化率低的问题时，若直接提问“如何提升线上营销效果”，可能只会得到一些笼统的理论性回答。此时，可以更明确地提问，例如“我需要一份针对当前线上营销转化率低的具体优化方案，包括投放渠道调整、内容创作策略等，不要只给我讲理论”，或者“请提供一个同行业成功提升线上营销转化率的实际案例，并详细说明其操作步骤和效果”。

最后，我们可以尝试使用更具体的词汇。模糊的表述容易导致 AI 理解偏差，因此应尽量采用明确、精准的词语来描述问题。

举例来说，如果我们想选购一款手机，直接提问“这款新手机怎么样？”可能无法清晰地传达我们的需求。DeepSeek 可能会从品牌、发布时间等多个角度进行泛泛而谈，而不是切中要点。

为了更好地表达需求，我们可以提出更具体的问题，例如：“我想选购一款手机，请分析这款新手机的优缺点，包括拍照效果、续航能力和处理器性能等方面。”或者：“我想选购一款手机，请比较这款新手机和另一款热门手机的性能与价格，哪款性价比更高？”通过这种方式，DeepSeek 能够更准确地根据用户的身份和需求提供分析与建议。

1.3.2 追问与细化问题

当我们尝试用上述方法更换表述后，如果得到的答案仍不符合预期，我们可以通过进一步提问和细化问题，引导 DeepSeek 更深入地理解我们的意图，从而提供更准确的回复。

如果初次提问的答案不够准确或全面，可以通过追问和细化问题来进一步引导 DeepSeek。

假设我们想了解工业革命，并向 DeepSeek 提问“工业革命对世界有什么影响”，如果得到的答案不够详细，我们可以从经济、文化、社会等不同角度细化问题。例如，可以问：“工业革命在经济领域对世界主要国家的产业结构产生了哪些具体影响？”这样能够引导 DeepSeek 从特定角度深入分析，提供更具针对性的内容。

1.3.3 利用上下文优化后续提问

在“1.1 新手必学的 5 个核心指令”中，我们学习了 DeepSeek 支持多轮对话优化的功能。该功能允许用户利用上下文信息优化后续提问，从而纠正生成的错误答案，使 AI 能够更准确地理解并满足我们的需求。

因此，当 DeepSeek 生成的答案与预期不符时，我们可以巧妙地利用上下文信息优化后续提问。在提问和 DeepSeek 生成的答案中，已经涵盖了部分相关内容，这些信息正是我们优化提问的重要依据。通过回顾并关联上下文，我们能够更精准地表达需求，从而引导 DeepSeek 更深入地理解问题，避免重复出现理解偏差，进而生成更准确、更符合需求的回答。

由于前文“1.1.5 指令五”中已对多轮对话优化功能进行了详细讲解，此处不再赘述。

当 DeepSeek 生成错误答案时，我们可以通过调整问题的表述方式，使问题更加清晰、准确；也可以通过追问和细化问题，深入挖掘所需的信息。同时，利用上下文优化后续提问，提高交流效率和回答的准确性。掌握这些纠正方法，将使我们在使用 DeepSeek 时更加得心应手，充分发挥其强大的功能，帮助我们在学习、工作和生活中获取更有价值的信息。随着不断实践与总结经验，我们与DeepSeek的交互将变得更加顺畅，从而更好地满足各种需求。无论是解决复杂的学术问题，还是获取生活中的实用建议，这些方法都将为我们提供有力支持。

第二章

用 DeepSeek 高效处理工作

在快节奏的现代职场中，工作任务纷至沓来，高效处理工作已成为每一位职场人面临的关键挑战。从撰写商务邮件到编写总结报告，我们的日常工作充满了琐碎却至关重要的任务。过去，这些工作需要我们逐字逐句地认真思考和完成，不仅耗费了大量时间，还极大地消耗了精力。

而如今，随着人工智能技术的迅猛发展，DeepSeek 的问世为我们提供了全新的解决方案。它犹如一位全能的智能助手，深入参与工作的各个环节，帮助我们节省时间、提升效率，让我们在职场中脱颖而出。

在第一章中，我们已经学习了如何使用 DeepSeek 的核心指令进行提问。在第二章中，我们将进一步探讨如何利用 DeepSeek 高效地处理工作。不论是初入职场的新人，还是经验丰富的职场老将，本章都将帮助您在短时间内掌握并运用这一强大的工具，从而真正实现零基础掌握 DeepSeek，并在职场上取得更出色的工作成果。

2.1 邮件自动生成与话术优化

邮件沟通占据了我们日常办公的大部分时间。不论是与客户洽谈合作、与同事协同工作，还是向上级汇报进展，都离不开邮件的支持。然而，撰写一封专业且得体的邮件往往让人感到棘手，既需要反复斟酌用词，又要耗费不少时间和精力。幸运的是，DeepSeek 为这一难题提供了理想的解决方案。它不仅能够帮助我们快速生成专业邮件，还能调整邮件的语气与风格，并优化与客户沟通的话术，从而显著提升工作效率与沟通质量。

2.1.1 通过 DeepSeek 快速生成专业邮件

在日常工作中，我们经常需要撰写各种类型的邮件，例如项目报告、商务洽谈、会议安排等。每一封邮件都需要经过精心构思，以确保内容清晰、准确且符合专业标准。现在，通过使用 DeepSeek 的邮件生成功能，我们可以轻松完成这些任务，无须再为邮件撰写绞尽脑汁。

假设项目经理小李负责一个大型软件开发项目，目前需要向客户王总发送一封项目进度报告邮件。以往，小李需要花费大量时间构思邮件的内容和格式。但有了 DeepSeek 后，小李只需在 DeepSeek 中输入以下关键信息："请给我生成一封项目进度报告邮件，邮件主题：项目进度报告，发件人：小李，收件人：王总，项目名称：软件开发项目，进度情况：已完成需求分析，正在进行系统设计，预计完成时间：2025 年 3 月。”这样便能迅速生成一封结构完整、内容清晰的邮件初稿。最终生成结果如下图所示（由于内容较长，仅截取部分进行展示）。

> 请给我生成一封项目进度报告邮件，邮件主题：项目进度报告，发件人：小李，收件人：王总，项目名称：软件开发项目，进度情况：已完成需求分析，正在进行系统设计，预计完成时间：2025 年 3 月。
>
> 已深度思考（用时 19 秒）
>
> 以下是一封项目进度报告邮件的模板：
>
> ---
>
> **邮件主题：** 项目进度报告—软件开发项目
>
> **发件人：** 小李
>
> **收件人：** 王总
>
> **日期：** [填写日期]
>
> ---
>
> 尊敬的王总：
>
> 您好！
>
> 关于**软件开发项目**的当前进度，特向您汇报如下：
>
> **1. 已完成部分：**
>
> - 需求分析阶段已全部完成，相关文档已通过内部评审并确认。

2.1.2 通过 DeepSeek 调整邮件语气与风格

邮件的语气和风格直接影响沟通效果及双方关系。因此，在撰写邮件时，我们需要根据不同的沟通场景和收件人身份，选择合适的语气和风格。DeepSeek 能够根据我们提供的指令，灵活调整邮件的语气和风格，使其更符合特定的沟通场景。

在撰写商务合作邮件时，商务风格的邮件能够更好地体现专业性和严谨性；而在创意项目的沟通中，创意风格的邮件则更能激发收件人的兴趣和灵感。假设小张需要撰写一封合作邀请函，而 DeepSeek 生成的基础邮件是商务风格。现在，小张希望调整邮件风格，以适应一家喜欢新颖创意的设计公司。此时，只需在 DeepSeek 的输入框中输入指令“请帮我将这封邮件调整为创意新颖风格”，DeepSeek 就会根据需求调整邮件的语气和风格，生成一封符合预期的新邮件。

2.1.3 通过 DeepSeek 优化邮件话术

在与工作伙伴和客户的沟通中，话术的质量直接影响对方的体验和业务的推进。不恰当的话术可能引发误会，导致对方不满，甚至使业务进展受阻；而恰当的话术则能更有效地传达信息，维护良好的工作关系，并提升他人对我们工作能力的认可。DeepSeek 能够根据具体需求和沟通场景优化客户沟通话术，使我们的交流更加自然、得体且富有感染力，从而提升沟通效率和效果。

DeepSeek 能够根据客户反馈进行情感分析，并根据分析结果调整沟通话术。当客户表达不满或抱怨时，DeepSeek 会建议采用更具安抚性且注重问题解决的话术；而当客户表达满意或赞赏时，DeepSeek 则会建议使用更加积极且充满感谢的话术。通过这种方式，用户可以更有效地应对客户情绪，维护良好的客户关系。

当客户在邮件中表达对产品延迟交付的不满时，只需将客户的不满邮件内容导入 DeepSeek，并输入指令“请帮我生成一封语气诚恳的回复邮件及解决方案”，DeepSeek 便会根据要求生成相应的回复内容。借助 DeepSeek 对客户邮件的情感分析和话术调整，我们不仅能够缓解客户的不满，还能进一步提升客户对服务的满意度，从而建立更加稳固的客户关系。

通过本小节的学习，相信大家已经可以通过 DeepSeek 快速生成适应各种需求的专业邮件。无论是撰写专业邮件、调整邮件语气，还是优化与客户的沟通技巧，DeepSeek 都能为我们提供强有力的支持，大幅提升工作效率，节省时间，同时提高沟通的质量和效果，帮助我们在工作中更加得心应手，建立良好的人际关系，提升客户满意度。

2.2 Excel 表格数据处理

在日常工作中，处理 Excel 表格十分常见。当面对海量数据和复杂多样的分析需求时，如果依靠传统的手动操作方式，不仅会耗费大量时间和精力，还容易出现错误。而 DeepSeek 的出现，就像为我们在数据处理的迷雾中点亮了一盏明灯，帮助我们精准、快速地处理数据，提高工作效率。

2.2.1 用 DeepSeek 快速生成 Excel 表格

用传统方式生成 Excel 数据报告，往往需要人工收集、整理数据，再进行格式排版，过程烦琐且耗时。有了 DeepSeek，我们便能一键快速生成表格，免去频繁的录入操作。

假设某小学的班主任易老师需要制作班级学生的成绩数据表，只需将学生的成绩数据信息导入 DeepSeek，并向 DeepSeek 输入“请帮我根据以上信息生成一个 Excel 表格”的指令，DeepSeek 便会高效快捷地生成所需的表格。

截至 2025 年 2 月，DeepSeek 尚未开通文件导出功能。用户可以直接点击黑色边框数据右上角的“复制”按钮，将 Excel 数据内容复制到自己的空白 Excel 表格中。最终生成的结果如下图所示（因内容较长，仅截取部分展示）。

小明语文成绩 92 分，数学成绩 93 分，英语成绩 91 分；小红语文成绩 98 分，数学成绩 91 分，英语成绩 94 分；小齐语文成绩 98 分，数学成绩 83 分，英语成绩 90 分。请帮我根据以上信息生成一个 Excel 表格。

已深度思考（用时 22 秒）

以下是按照您提供的信息生成的 Excel 表格文本格式（您可以将以下内容复制到 Excel 中）：

复制

姓名	语文成绩	数学成绩	英语成绩
小明	92	93	91
小红	98	91	94
小齐	98	83	90

制作步骤说明：

1. 打开 Excel 新建工作表。

2. 在 A1 单元格输入“姓名”，B1 输入“语文成绩”，C1 输入“数学成绩”，D1 输入“英语成绩”。

3. 从 A2 开始依次输入学生姓名和对应成绩。

4. 建议添加格式：

• 标题行（第 1 行）设置为加粗。

2.2.2 用 DeepSeek 自动生成数据报告

在工作中，数据报告是传递信息和支持决策的重要工具。然而，手动整理和撰写数据报告不仅耗时，还容易出错。DeepSeek 凭借其强大的数据分析与自然语言生成能力，能够快速生成高质量的数据报告，大大简化了这一过程。

以易老师的一份班级成绩数据表为例，该数据表包含学生姓名、各科成绩等信息。目标是生成一份成绩数据分析报告，包括班级总分情况、学生个人表现等内容。

DeepSeek 支持 CSV、Excel 等多种文件格式，上传过程简单快捷。首先，用户需点击 DeepSeek 输入框右下角的“导入文件”按钮，选择并上传这份班级成绩数据表（此步骤称为“上传数据”）。其次，在 DeepSeek 的输入框中输入“请帮我生成一份成绩数据分析报告”的指令（此步骤称为“输入指令”）。最后，点击查询按钮或按下回车键（此步骤称为“生成报告”），DeepSeek 便会自动生成一份详细的数据报告。

生成的报告涵盖总体情况、各科成绩分析、个体表现分析以及结论与建议等内容。最终结果如下图所示（因内容较长，仅截取部分展示）。

excel案例.xlsx
XLSX 8.75KB

请帮我生成一份成绩数据分析报告

已深度思考（用时 26 秒）

成绩数据分析报告

一、总体情况

- **学生人数：**3 人（小明、小红、小齐）
- **科目范围：**语文、数学、英语
- **总分排名**（由高到低）：
    - 小红（283 分）
    - 小明（276 分）
    - 小齐（271 分）

通过 DeepSeek 生成的数据报告，用户可以快速掌握数据情况，发现潜在问题，为科学决策提供有力支持。

2.2.3 用 DeepSeek 清洗数据与优化格式

数据清洗是日常数据处理中的重要环节。在实际工作中，无论是商业领域的市场数据分析、金融行业的风险评估，还是科研领域的实验数据处理，我们经常会遇到一系列复杂的数据质量问题。

其中，数据缺失现象较为普遍，这可能源于数据采集过程中的设备故障、人为疏忽或数据传输错误等原因，导致部分数据记录不完整，从而影响分析结果的全面性与准确性。重复数据也是一个重大困扰，大量冗余数据不仅占据存储空间，还会干扰数据分析算法的正常运行，使分析结果产生偏差。此外，数据格式不一致问题同样不容忽视，不同数据源或系统产生的数据可能存在格式差异，如日期格式、数值表示方式等，这为数据的整合与统一分析带来了极大的障碍。

DeepSeek 凭借其先进的算法架构与智能技术，提供了强大且高效的数据清洗功能，能够自动识别并处理这些问题，同时优化数据格式，极大地提升了我们数据分析工作的效率与质量。

假设市场部职员小姜需要对客户信息进行整理，客户信息已经汇总到一个 Excel 表格，但表格中存在重复数据、错误格式和缺失值等问题，只需要将 Excel 表格导入 DeepSeek，并向 DeepSeek 输入“请帮我查出这份表格数据中的问题，并优化表格”的指令，DeepSeek 会帮我们一一指出表格中存在的问题，并生成一份新的格式准确的 Excel 表格。

2.2.4 用 DeepSeek 生成复杂公式

在处理 Excel 数据时，我们常常需要使用复杂的公式进行计算和分析。然而，手动编写复杂公式不仅耗时费力，还容易出错。DeepSeek 提供了公式生成器和公式解释功能，能够帮助我们自动生成复杂公式，并清晰地解释公式的逻辑。

小谢作为一家创业初期企业的负责人，需要计算员工绩效奖金。这项计算涉及多个条件判断，如销售额是否达到一定标准、客户满意度评分是否符合要求等，公式复杂且容易出错。借助 DeepSeek，这一问题可以轻松解决。小谢只需向 DeepSeek 输入以下指令"请帮我生成一个计算公式：每个员工的绩效奖金，当销售额大于 100000 且客户满意度评分大于 80 时，奖金为销售额的 5%；当销售额大于 50000 且小于等于 100000，客户满意度评分大于 70 时，奖金为销售额的 3%，其他情况奖金为 0"，DeepSeek 便会根据这些条件自动生成正确的 Excel 公式。最终生成结果如下图所示（因内容过长，仅截取部分展示）。

请帮我生成一个计算公式：每个员工的绩效奖金，当销售额大于 100000 且客户满意度评分大于 80 时，奖金为销售额的 5%；当销售额大于 50000 且小于等于 100000，客户满意度评分大于 70 时，奖金为销售额的 3%，其他情况奖金为 0

已深度思考（用时 61 秒）

根据您的需求，以下是绩效奖金的计算公式（假设销售额存储在单元格 A1，客户满意度评分存储在单元格 B1）：

Excel 公式：

excel 复制

```
=IF(AND(A1>100000, B1>80), A1*5%, IF(AND(A1>50000, A1<=100000, B1>70), A1*3%, 0))
```

公式逻辑解释：

1. 第一优先级条件：

如果 销售额 > 100000 且 客户满意度 > 80，则奖金为销售额的 5%。

```excel
IF(AND(A1>100000, B1>80), A1*5%, ...)
```

2. 第二优先级条件：

如果 销售额 > 50000 且 ≤ 100000 且客户满意度 > 70，则奖金为销售额的 3%。

```excel
IF(AND(A1>50000, A1<=100000, B1>70), A1*3%, 0)
```

DeepSeek 不仅能够生成结果，还可以提供对生成的复杂公式的详细解释，帮助用户理解公式的计算逻辑，便于后续的维护和修改。这对于不熟悉复杂公式编写的人群而言，无疑是一大福音，使非数学专业人士也能够轻松完成复杂的数据计算任务。

2.3 PPT大纲设计与制作

随着智能设备的普及，无论是学术研讨、商业汇报，还是日常分享，PPT 已成为大多数人无法回避的一项任务。一份优秀的 PPT 不仅能为演示增色，还可以显著提升沟通效果。然而，创作过程却往往充满挑战。从梳理复杂的内容逻辑到绞尽脑汁设计创意框架，常常需要投入大量时间和精力，却未必能达到理想的效果。而现在，有了 DeepSeek，我们可以彻底革新 PPT 大纲设计与制作的方式。

DeepSeek 凭借其先进的算法和强大的自然语言处理能力，能够迅速理解用户输入的内容要点。无论是准备一场商务汇报，还是制作一份学术报告，只需将核心信息提供给 DeepSeek，它便能在短时间内生成逻辑清晰、层次分明的 PPT 大纲框架。这不仅大幅节省了前期构思的时间，还能提供新颖独特的视角，帮助用户跳出思维定式，让 PPT 制作变得轻松又出彩，在各种场合脱颖而出。

2.3.1 用 DeepSeek 快速生成 PPT 大纲

PPT 大纲是整个演示文稿的框架，决定了内容的结构和逻辑顺序。一个清晰合理的大纲可以帮助观众快速抓住重点，理解演讲的核心内容。然而，在制作 PPT 时，许多人往往在大纲设计阶段耗费大量时间，甚至因思路不清晰而陷入困境。DeepSeek 通过背后强大的技术，能够理解用户指令，并根据输入的主题或关键词快速生成 PPT 大纲，大大提升制作效率。

使用 DeepSeek 生成 PPT 大纲的过程非常简单。只需在 DeepSeek 的输入框中输入主题或关键词，并附上“生成 PPT 大纲”的指令，DeepSeek 就会根据输入的信息，结合其强大的知识库和推理能力，生成一份结构清晰、逻辑严谨的大纲。

吴医生正在准备主题为“人工智能在医疗领域的应用”的 PPT 大纲。他只需在 DeepSeek 的输入框中输入“请帮我生成一份 PPT 大纲，主题是人工智能在医疗领域的应用”的指令，然后点击查询按钮或按下回车键，DeepSeek 就能生成一份包含多个关键部分的大纲，如封面、目录、背景介绍、核心内容、案例分析、总结等。最终生成的结果如下图所示（因内容过长，仅截取部分展示）。

请帮我生成一份 PPT 大纲，主题是人工智能在医疗领域的应用

已深度思考（用时 18 秒）

以下是为您设计的“人工智能在医疗领域的应用”PPT 大纲框架，内容清晰且逻辑连贯，可根据实际需求调整细节：

封面页

- 标题：人工智能在医疗领域的应用：变革与未来
- 副标题：技术赋能健康，智慧医疗新篇章
- 作者 / 单位 / 日期

目录页

1. 人工智能与医疗的融合背景
2. 核心应用场景与技术解析
3. 典型案例与成果展示

使用 DeepSeek 生成 PPT 大纲，可以在短时间内提供一个完整的框架，帮助我们大大节省时间。此外，DeepSeek 生成的大纲逻辑清晰，结构合理，能够帮

助我们更好地梳理思路，避免内容的混乱和重复。DeepSeek 的知识库涵盖了广泛的领域，能够根据不同的主题生成专业且准确的大纲，即使是对不熟悉的领域，也能提供有价值的参考。

2.3.2 通过 DeepSeek 填充 PPT 内容

生成大纲只是制作 PPT 的第一步，接下来需要填充具体内容，并优化逻辑，使演示文稿更加完整且富有说服力。在这一环节，DeepSeek 同样可以发挥重要作用。它不仅能够根据大纲生成详细内容，还能帮助用户优化逻辑，确保信息的连贯性与准确性。DeepSeek 的内容生成功能是其核心优势之一。用户可以基于生成的大纲，逐项输入更具体的指令，要求 DeepSeek 为每个部分生成详尽内容。

假设吴医生需要制作一页关于“人工智能在医疗影像分析中的应用”的 PPT，只需在 DeepSeek 的输入框中输入“请帮我生成一份关于‘人工智能在医疗影像分析中的应用’的 PPT 内容页”这一指令，然后点击查询按钮或按下回车键。DeepSeek 会根据指令，结合其知识库中的信息，生成高质量的文字内容。最终生成结果如下图所示（因内容过长，仅截取部分展示）。

内容页 1：医疗影像分析的现状与挑战

- **当前痛点：**
  - 影像数据爆炸式增长，医生工作负荷高。
  - 微小病灶（如早期肿瘤）易被漏诊。
  - 人工分析依赖经验，存在主观差异。
- **传统流程：**
  - 影像采集 → 人工阅片 → 诊断报告（标注耗时长）。
- **数据支持：**
  - 全球放射科医生缺口达 50% 以上（WHO 数据）。

截至 2025 年 3 月，DeepSeek 还未提供直接生成 PPT 文档的功能，我们可以借助其他人工智能软件（如豆包）进行辅助，快速生成 PPT。我们只需要打开豆包电脑端网页，选择 AIPPT 功能，将 DeepSeek 生成的内容导入豆包，选择 PPT 模板，点击生成，便能迅速得到一份精美的 PPT。

以吴医生的 PPT 为案例，最终生成结果如下图（因内容过长，仅截取部分展示）。

通过以上步骤，我们不仅能够快速生成一份高质量的 PPT，还能确保内容的逻辑性和连贯性，从而大大提升制作效率。

2.3.3 DeepSeek 如何让 PPT 更具吸引力

一份优秀的 PPT 不仅需要清晰的逻辑和准确的内容，还需要通过精美的视觉设计来吸引观众的注意力。在这方面，DeepSeek 提供了强有力的支持，能够帮助我们显著提升 PPT 的视觉表现力。它可以根据生成的内容提供针对性的视觉设计建议。例如，DeepSeek 能够根据内容的性质推荐合适的配色方案、字体风格和图表类型。以“人工智能在医疗领域的应用”这一主题为例，DeepSeek 可能会建议采用蓝色和白色的配色方案，以传达科技感和专业性；同时，推荐使用简洁易读的字体，如 Arial 或 Helvetica，以确保文字清晰可读。

此外，DeepSeek 还可以根据内容特点建议添加相关的图表或图片，从而增强表达效果，使 PPT 更具吸引力和说服力。例如，在介绍“人工智能在个性化学习中的应用”时，DeepSeek 会建议添加一张展示个性化学习流程的图表，或者提供一些与人工智能相关的图片，如智能机器人、数据分析图表等。这不仅丰富了 PPT 的内容，还能帮助观众更好地理解信息。

通过上述步骤，我们不仅能够快速生成一份高质量的 PPT，还能通过视觉设计和动画效果提升其吸引力，加强演示过程的表现力。

2.4 工作总结的智能润色

在繁忙的职场生涯中，撰写工作总结是每位职场人士不可或缺的一环。它不仅是对过去一年辛勤付出的回顾，更是对未来职业发展的规划与展望。同时，如何让自己的工作总结在众多报告中脱颖而出，吸引领导的注意，也常常令我们绞尽脑汁。

现在，借助 DeepSeek，我们可以轻松完成一份既专业又生动的工作总结。试想，当我们面对空白文档，绞尽脑汁思考如何开头、如何组织内容、如何精练语言时，DeepSeek 已经根据我们的工作性质和成果，智能推荐出引人入胜的开篇段落、条理清晰的内容框架以及精准有力的结尾总结。

更令人称道的是，DeepSeek 还能根据我们的写作风格和语言习惯，进行个性化的润色和调整。无论是严谨的学术表达，还是亲切的日常用语，它都能轻松驾驭，使我们的工作总结更贴近个人风格。

2.4.1 用 DeepSeek 自动生成工作总结框架

工作总结的框架是其核心骨架，它决定了总结的整体结构和内容布局。一个清晰的框架能够帮助我们理清工作思路，确保总结内容的全面性和条理性。凭借强大的自然语言处理能力以及对社会科学领域的深刻理解，DeepSeek 能够根据个人需求自动生成符合实际情况的工作总结框架，帮助我们事半功倍地完成总结撰写。

使用 DeepSeek 生成 PPT 大纲的过程非常简单。用户只需在 DeepSeek 的输入框中输入基本的工作信息，例如职位、主要职责、关键项目等关键词，并添加“根据以上信息生成一份工作总结框架”的指令，DeepSeek 即可生成一个适合的工作总结框架。此外，DeepSeek 还能根据具体的工作内容，进一步细化子标题和要点提示，帮助用户更加全面地梳理和总结工作内容。

以房产销售经理小林为例，他需要完成一份第一季度的工作总结。小林只需在 DeepSeek 中输入以下关键信息：“我是房产销售经理小林，我的主要职责是带领团队完成第一季度销售业绩一千万元，拓展客户资源 500 人，组织团队培训 3 次。请根据以上信息帮我生成第一季度工作总结框架。”DeepSeek 便会迅速生成一个与小林个人情况相匹配的工作总结框架。最终生成的结果如图所示（因内容较长，仅截取部分展示）。

我是房产销售经理小林，我的主要职责是带领团队完成第一季度销售业绩一千万，拓展客户资源 500 人，组织团队培训 3 次，请根据以上信息帮我生成第一季度工作总结框架。

已深度思考（用时 12 秒）

以下是为您设计的第一季度房产销售工作总结框架，包含结构化表达和数据分析维度，便于清晰呈现工作成果：

202× 年第一季度房产销售工作总结

汇报人：小林（销售经理）

日期：202× 年 × 月 × 日

一、工作目标完成概况（总览）

1．核心指标达成率

◦ 销售业绩：目标 1000 万 ➔ 实际完成 ____ 万（完成率 ____%）

2.4.2 通过 DeepSeek 提升工作总结的逻辑性

让工作总结脱颖而出的关键因素在于逻辑性。一份逻辑清晰的总结可以帮助读者快速抓住重点，理解工作的核心内容与价值。然而，当工作内容复杂且繁多时，工作总结可能会出现思路混乱、内容跳跃等问题。这种情况下，可以借助 DeepSeek 来提升工作总结的逻辑性。

我们只需将工作总结文档导入 DeepSeek，通过向 DeepSeek 输入指令“请帮我提升这份工作总结的逻辑性”，该工具便能够自动识别关键信息，并根据逻辑关系重新组织内容。例如，当我们在总结中提到多个工作项目时，DeepSeek 可以根据项目的优先级、时间顺序或重要性，合理排序，确保内容连贯。

此外，DeepSeek 还能识别文本中的逻辑漏洞或重复之处，并提供修改建议。它会提醒我们在描述工作成果时，是否与工作目标紧密相关；在分析问题时，是否提供了足够的证据支持；在提出改进措施时，是否具有可操作性。通过这些智能提示，我们能够及时发现并修正逻辑问题，使工作总结更加严谨且有说服力。

在房产销售经理小林的销售工作总结中，提到多个销售渠道的表现，但未明确阐述它们之间的关联性。DeepSeek 会通过逻辑分析，建议小林对不同渠道的表现进行对比分析，找出各自的优势与不足，并据此提出针对性的优化策略。这样一来，工作总结将更具逻辑性，同时也能为未来的决策提供有力支持。

2.4.3 DeepSeek 的语言润色与表达优化

一份语言流畅、表达清晰的工作总结，不仅能够更好地传达我们的工作成果和未来规划，还能够提升个人和团队的形象。然而，对于一些职场人士来说，语言表达和遣词造句可能是他们的短板，尤其是不擅长文字工作的员工。要写出一份用词精妙的工作总结确实具有挑战性。

有了 DeepSeek 之后，以上问题便能迎刃而解。DeepSeek 能够根据用户输入的文本，自动识别语言风格，并根据不同的需求进行调整。无论是正式的商务风格，还是轻松的口语风格，DeepSeek 都能够精准把握并加以优化。

我们只需将工作总结文档导入 DeepSeek，向 DeepSeek 输入指令“请帮我润色这份工作总结的语言表达”，它便会通过优化词汇、调整句式等方式，使我们的工作总结更加生动且富有感染力。此外，DeepSeek 还能修改常见的语言问题，例如语法错误、拼写错误以及标点符号的使用不当。它会仔细检查文本内容，并提供详尽的修改建议，帮助我们轻松撰写出高质量的工作总结。

在一份人力资源工作总结中，我们可能会写道：“今年我们招聘了 100 名员工，其中大部分是 90 后。”DeepSeek 会建议我们将其优化为：“今年，我们成功招聘了 100 名员工，其中大部分为 90 后，为公司注入了新的活力。”通过这样的润色，总结不仅更加生动，还能够更好地传达工作成果的价值。

使用 DeepSeek 润色工作总结，不仅提升了工作效率，更优化了自我表达能力。它使我们的工作总结不再是枯燥乏味的流水账，而成为一篇充满智慧与洞见的职场佳作。在竞争激烈的时代，借助 DeepSeek 的力量，工作总结可以成为推动职业发展的有力工具。

2.5 多语言翻译实操

在当今全球化时代，跨语言沟通变得愈加重要。无论是商务交流、学术研究，还是个人交往，多语言沟通的需求都日益频繁。DeepSeek 凭借其强大的翻译能力和多样化的应用场景，为用户提供了高效且便捷的翻译解决方案。无论是繁复的学术术语，还是微妙的语境表达，DeepSeek 都能从容应对，精准翻译多种语言。这使我们能够更加专注于核心内容的表达，而无须为语言翻译问题分心。

2.5.1 用 DeepSeek 快速翻译邮件与文档

在日常工作中，我们时常需要处理不同语言的邮件和文档。DeepSeek 凭借其高效且精准的翻译功能，大大简化了这一过程。

使用 DeepSeek 进行快速翻译非常简单，只需将需要翻译的邮件或文档内容导入 DeepSeek，向 DeepSeek 输入指令“请帮我将这份邮件 / 文档内容翻译成 ×× 语言”，即可快速获得翻译结果。无论是英语、法语、德语还是其他语言，DeepSeek 都能轻松胜任。最终生成结果如下图所示。

[file content begin]
Please help me translate this sentence into English.
[file content end]
Please help me translate the content of this document into English.

2.5.2 通过 DeepSeek 优化翻译的准确性

当我们初步完成一份翻译文稿后，无论是人工翻译还是机器翻译，都可以通过 DeepSeek 进一步优化其准确性。只需将翻译文稿导入 DeepSeek，并输入指令“请帮我提高这份翻译文稿的准确性”，DeepSeek 便会分析并找出文稿中的词汇和语法错误，生成更为精准的翻译文稿。

同时，我们可以适当添加一些背景信息或上下文指令，以帮助 DeepSeek 更好地理解文本内容，从而提升翻译的准确性。例如，在翻译一篇关于人工智能的论文时，可以在输入文本前简要说明论文的主题和背景，这样可以帮助 DeepSeek 更准确地理解和处理专业术语及相关概念。此外，及时对翻译结果进行校对和修改也是提高翻译准确性的重要步骤。尽管 DeepSeek 的翻译质量已经相当出色，但在某些情况下，仍可能出现细微的错误或不符合语境的表达。因此，在使用 DeepSeek 进行翻译优化后，我们仍需亲自仔细校对和修改翻译结果，以确保最终文本的准确性和流畅性。

2.5.3 DeepSeek 的多语言沟通技巧

DeepSeek 支持多种语言的互译，这意味着用户可以在不同语言之间自由切换，从容应对多语言环境下的沟通需求，让语言不再成为交流的障碍。除了翻译邮件和文档，用户还可以利用 DeepSeek 实现其他场景下的多语言沟通。

在国际商务领域，DeepSeek 是企业拓展全球市场的得力助手。无论是跨国会议、商务谈判，还是跨国合作项目的推进，DeepSeek 都能提供精准的翻译支持。它不仅能够迅速将复杂的专业术语转换为目标语言，还能根据不同的商务场景调整翻译风格，确保沟通的正式性与专业性。

在学术交流中，DeepSeek 为研究者带来了极大的便利，能够快速翻译学术文献和研究报告。这对于需要频繁阅读外文资料或参与国际学术会议的学者来说，无疑是一大福音。DeepSeek 的翻译不仅精准，还能根据学术语境优化表达，确保学术思想的准确传递。

在旅游和日常交流中，DeepSeek 同样展现出强大的实用性，支持多种语言的即时翻译。无论是点餐、问路，还是与当地居民交流，DeepSeek 都能从容应对。其便携性与高效性能帮助旅行者更加自信地探索异国文化，体验不同国家的独特魅力。

此外，DeepSeek 的多语言沟通能力为教育领域带来了新的可能性。教师可以利用它为学生提供多元文化的语言学习资源，帮助学生更好地理解不同语言的表达方式与文化内涵；学生则可以通过 DeepSeek 的翻译对话功能，与外国同学交流，拓宽国际视野。

DeepSeek 不仅是一款翻译工具，更是一个连接不同语言与文化的平台，使跨语言沟通变得更加轻松、高效，让人们在多元文化的交流中获得更多机会与灵感。在全球化的时代背景下，DeepSeek 正以其独特的方式推动世界的互联互通。它为实现多语言翻译的实际应用提供了高效、准确的解决方案。通过快速翻译邮件与文档、提升翻译准确性以及掌握多语言沟通技巧，我们能够更好地应对全球化带来的语言挑战，拓展国际交流与合作的空间。未来，随着 DeepSeek 技术的不断进步与完善，相信它将在多语言翻译领域发挥更为重要的作用，为我们的工作与生活带来更多便利。

第三章

用 DeepSeek 快速生成自媒体爆款内容

在自媒体蓬勃发展的时代，每个人都渴望成为流量的焦点，创作出引人瞩目的爆款内容。然而，面对海量的内容竞争，如何在短时间内创作出既能吸引眼球又能引发共鸣的作品，成为每个自媒体创作者亟待解决的难题。如今，DeepSeek 为自媒体创作者带来了内容创作的革命。只要认真学习并借助 DeepSeek，人人都可以打开通往爆款内容的大门。

DeepSeek 如同一位深藏不露的创作大师，拥有海量的知识储备和敏锐的热点捕捉能力。它能够在短时间内，根据我们的需求和想法，快速生成极具吸引力的自媒体内容框架。无论是紧跟潮流的短视频脚本、观点独到的公众号文章，还是趣味十足的小红书笔记，DeepSeek 都能轻松应对。此外，它还能深入分析不同平台的用户喜好和热门趋势，精准定位受众需求，使我们的内容从一开始就处于爆款的起跑线上。

不要再为灵感匮乏而烦恼，也不要再为创作效率低下而焦虑。有了 DeepSeek，自媒体创作将变得轻松高效，爆款内容不再遥不可及。在本章中，我们将深入探索如何借助 DeepSeek 的力量开启自媒体创作的新篇章，打造属于我们的爆款内容盛宴。

3.1 热点选题的分析预判

在信息化时代，热点话题如潮水般不断涌现。对于内容创作者、媒体从业者以及市场营销人员来说，能否及时捕捉热点并做出有效回应，直接关系到自身的影响力和竞争力。而 DeepSeek 作为一款强大的人工智能工具，为我们提供了分析和预判热点选题的新途径和新方法。

3.1.1 DeepSeek 预测热门话题的技巧

在信息飞速传播的当下，掌握热门话题的走向，对于内容创作者、市场营销人员以及新闻媒体从业者而言，显得至关重要。现在，DeepSeek 为我们提供了一系列高效预测热门话题的技巧。

数据挖掘是 DeepSeek 预测热门话题的基础。DeepSeek 能够在海量网络数据中精确定位有效信息，通过对各大社交平台、新闻网站、论坛等多渠道数据的抓取，收集大量与各类话题相关的讨论内容。例如，在社交媒体上，用户的每一条动态、评论和点赞都包含着对当下话题关注程度的信息。DeepSeek 运用其强大的数据处理能力，将这些分散的信息整合并生成总结，形成对话题热度的初步判断。

趋势分析是 DeepSeek 的一大核心技术。DeepSeek 通过对历史数据的深入研究，绘制出话题热度随时间变化的曲线。以娱乐行业为例，当有一部热门电影即将上映时，与电影相关的话题热度会在前期逐渐上升，上映期间达到峰值，之后随着时间推移逐渐下降。DeepSeek 通过分析大量类似案例，总结出不同类型的话题热度变化的规律。基于这些规律，当它监测到某一话题的热度开始呈现特定的上升趋势时，就能提前预测其是否有可能成为热门话题。

语义理解与关联分析也不容忽视。DeepSeek 具备强大的自然语言处理能力，能够分析不同话题之间的关联性，通过挖掘文本中的潜在语义关系，预测哪些话题有可能成为下一个热点。例如，当“新能源汽车销量增长”成为热点时，DeepSeek 可能会发现与之相关的“电池技术突破”“充电桩建设”等话题也具有较高的热度上升潜力。这些话题在逻辑上相互关联，一个热点的出现往往会带动相关领域的讨论。

3.1.2 如何让 DeepSeek 结合热点生成内容

当我们确定了热点话题后，便可以通过 DeepSeek 根据我们的需求和目标受众，结合热点话题生成个性化的内容。

首先，明确创作需求是关键的第一步。创作者需要清楚自己想要创作的内容类型，是新闻报道、评论文章、社交媒体文案，还是短视频脚本等。同时，要确定目标受众，不同的受众群体对热点话题的关注点和接受程度不同。例如，面向年轻群体的内容可能更注重趣味性和潮流感，而面向专业人士的内容则需要更深入的分析和专业的见解。只有明确了这些需求，才能让 DeepSeek 生成更符合期望的内容。

其次，需要向 DeepSeek 输入准确的指令。在输入热点话题时，应尽量详细和具体，不要仅仅说“人工智能热点”，而是具体到“人工智能在医疗领域的最新突破热点”。同时，结合之前确定的创作需求，给出明确的指令，如“生成一篇约 800 字、面向普通大众的科普文章，介绍人工智能在医疗领域的最新突破”。这样的清晰指令能让 DeepSeek 更准确地理解我们的意图，从而生成更符合要求的内容。

再次，DeepSeek 生成内容后，并不能直接使用，还需要进行优化和调整。虽然 DeepSeek 能够提供丰富的素材和基本框架，但可能存在一些表述不够精准或与热点结合不够紧密的地方。创作者需要仔细检查生成的内容，确保其准确性和逻辑性。例如，在检查关于人工智能医疗突破的文章时，要确认文中对新技术的原理和应用场景的描述是否准确无误，是否充分结合了当下的热点事件进行阐述。如果发现内容存在问题，应与 DeepSeek 进行多轮对话，提出修改建议，以进一步完善内容。

最后，融入个人观点和独特视角也是让生成的内容脱颖而出的重要方法。DeepSeek 生成的内容基于大量的数据和算法，但创作者可以在此基础上，加入自己对热点话题的思考和见解，增加内容的独特性。例如，在评论热点事件时，从不同的角度进行分析，提出与众不同的观点，这样能使内容更具吸引力和价值。

总之，要让 DeepSeek 结合热点话题生成优质内容，创作者需要明确需求、精准输入指令、对生成内容进行优化调整，并融入个人特色。通过这样的方式，我们能够借助 DeepSeek 的强大功能，快速抓住热点，创作出吸引人的内容，在信息洪流中占据一席之地。

3.2 人人都能生成爆款标题

在当今自媒体蓬勃发展的背景下，内容传播是所有创作者每天都要面临的挑战。一个好的标题，就如同商品的精美包装，能够迅速吸引受众的注意力，激发他们进一步了解内容的欲望。DeepSeek 作为一款强大的人工智能工具，为我们提供了生成爆款标题的便捷途径。接下来，我们将通过核心技巧、增强吸引力的方法以及使用过程中的常见误区这三个方面深入探讨如何利用 DeepSeek 生成爆款标题。

3.2.1 让 DeepSeek 生成标题的核心技巧

1. 精准描述标题内容要点

向 DeepSeek 准确传达标题内容的核心要点，是生成有效标题的基础。当我们输入内容信息时，表述应尽量精准、明确，避免模糊和笼统的表述。例如，如果我们要创作一篇关于新能源汽车电池技术突破的文章，不要简单地告诉 DeepSeek “写一个关于新能源汽车的标题”，而应具体指明“写一个关于新能源汽车中新型固态电池技术实现重大突破、续航里程大幅提升的标题”。这样的详细描述能让 DeepSeek 更好地理解内容重点，从而生成更贴合主题的标题。

2. 设定明确的标题风格与目的

不同的内容和受众需要匹配不同风格的标题。在使用 DeepSeek 时，要明确告知它我们期望的标题风格，是正式严谨的新闻报道风格，还是轻松幽默的自媒体风格，抑或是充满悬念的营销文案风格；同时，也要说明标题的目的，是为了吸引点击量、引发讨论，还是传递重要信息。例如，“为一篇面向科技爱好者，旨在分享最新科技成果，吸引他们深入阅读文章内容的自媒体文章，生成一个充满科技感和吸引力的标题”，这样的指令能引导 DeepSeek 生成符合要求的标题。

3. 利用关键词拓展

关键词是标题的重要组成部分，它们不仅帮助搜索引擎识别内容主题，也让受众快速了解内容梗概。在使用 DeepSeek 生成标题时，可以先确定与内容相关的核心关键词，然后基于这些关键词进行拓展。例如，对于一篇关于人工智能在医疗领域应用的文章，核心关键词可以是“人工智能”“医疗”和“应用”。DeepSeek 能够通过分析这些关键词之间的关系，并结合相关领域的热点和趋势，生成包含拓展关键词的标题，如“人工智能赋能医疗：从诊断到治疗的全方位应用突破”。

3.2.2 如何通过 DeepSeek 让标题更具吸引力

1. 制造悬念与好奇心

人类天生对未知充满好奇，一个带有悬念的标题往往能激发受众的好奇心，促使他们点击查看内容。DeepSeek 可以通过运用疑问句式和省略关键信息等方式来制造悬念。比如，对于一篇介绍某种新型减肥方法的文章，DeepSeek 生成的标题可以是：“这种减肥方法为何能在一周内让体重悄然下降？答案在这里。”这样的标题留下了悬念，让读者迫切想要了解这种神奇减肥方法的具体内容。

2. 运用情感共鸣

情感是人与人之间连接的重要桥梁，能够引发情感共鸣的标题往往更能打动受众。DeepSeek 可以通过分析目标受众的情感需求和痛点，在标题中融入相关的情感元素。例如，对于一篇关注职场压力的文章，标题可以设计为“每一个深夜加班的职场人，都能在这篇文章中找到自己的影子”。这样的标题能够深刻触动职场人士的内心情感，从而吸引他们点击阅读。

3．突出数字与利益点

数字具有直观性，而利益点则直接关系到受众的切身需求。DeepSeek 在生成标题时，可以通过突出具体数字和明确的利益点来增强吸引力。例如，“掌握这 5 个高效学习方法，让你的成绩在一个月内提升 20 分”。这一标题不仅清晰地呈现了学习方法的数量，还明确指出可能带来的成绩提升幅度，从而更容易吸引那些迫切希望提高成绩的用户。

3.2.3 使用 DeepSeek 优化标题的常见误区

1．忽视标题与内容的一致性

一些创作者为了追求标题的吸引力，使用 DeepSeek 生成过于夸张且与内容实际情况不符的标题。这种“标题党”行为虽然可能在短期内吸引大量点击，但会严重损害受众的信任，降低内容的传播效果。因此，在使用 DeepSeek 时，应确保生成的标题与内容紧密相关，准确传达内容的核心价值。

2．不考虑平台特点和受众差异

不同平台有不同的风格和用户群体。在社交媒体平台上广受欢迎的标题，可能在专业学术平台上并不适用。在使用 DeepSeek 生成标题时，应充分考虑发布平台的特点和目标受众的偏好。例如，在短视频平台上，标题可能需要更加简洁明了、富有感染力，以适应快速浏览的特点；而在专业论坛上，标题则需要更为严谨和专业，体现内容的深度和价值。

3．过度依赖机器生成，缺乏人工审核

虽然 DeepSeek 具备强大的标题生成能力，但毕竟它是基于算法和数据运行的机器，可能会生成一些不符合逻辑、存在语法错误或与实际内容不符的标题。因此，在使用 DeepSeek 生成标题后，必须进行人工审核。例如，DeepSeek 可能会生成一个语法结构混乱的标题，或在标题中夸大内容效果，这些都需要人工修正和调整。

DeepSeek 为我们提供了生成爆款标题的强大工具，但要真正发挥其作用，还需要我们掌握正确的技巧，避免常见误区，并通过不断练习来提升能力。通过精准描述内容要点、设定明确的标题风格与目标、利用关键词进行拓展等核心方法，以及制造悬念、引发情感共鸣、突出数字与利益点等增强吸引力的技巧，同时注意保持标题与内容的一致性、考虑平台和受众的差异，并保留人工审核环节，我们每个人都可以借助 DeepSeek 生成具有强大吸引力和传播力的爆款标题。在信息海洋中脱颖而出，让自己的内容获得更广泛的关注和传播。

3.3 短视频脚本 10 秒出稿攻略

在自媒体创作中，短视频是常见且重要的内容形式。为了在长期高频率的创作中保持优质输出，如何快速且高效地生成短视频脚本成为内容创作者面临的关键问题。DeepSeek 作为一款先进的人工智能工具，为创作者提供了高效生成短视频脚本的解决方案，大幅提升了创作效率。接下来，我们将从快速生成、增强感染力到优化节奏与结构三个方面，深入探讨如何利用 DeepSeek 生成短视频脚本，全面解锁其强大功能。

3.3.1 使用 DeepSeek 快速生成短视频脚本

1．明确创作需求与核心指令

要让 DeepSeek 快速生成短视频脚本，首先需要明确自己的创作需求。这包括清晰地界定短视频的主题和类型，例如搞笑短剧、知识科普、生活记录或产品推广等。在整理好短视频脚本的基本要求后，将简洁而精准的核心指令输入 DeepSeek，以确保生成的内容符合预期。

短视频博主小黄正在创作一段关于美食制作的短视频脚本。他只需向 DeepSeek 输入指令："生成一个以家庭厨房为场景，制作简易番茄炒蛋的短视频脚本。"这一明确的指令能够让 DeepSeek 快速理解创作方向，从而避免生成内容模糊或不符合要求的脚本。

2．合理设定视频参数

视频参数对于脚本生成至关重要。设定好视频的时长，这决定了脚本内容的丰富程度和节奏的快慢。一般来说，15 ～ 60 秒的短视频较为常见。不同类型的视频可根据特点选择合适的时长，比如搞笑短视频可能 15 ～ 30 秒即可，而知识科普类可能需要 30 ～ 60 秒来完整阐述内容。如果我们不清楚主流的短视频时长设定，可以直接输入指令，让 DeepSeek 帮我们分析推荐。

3．提供关键信息与细节

除了核心指令，提供关键信息和细节能进一步提升脚本生成的质量和速度。

短视频博主小黄在创作美食制作视频的脚本中，可以向 DeepSeek 补充食材准备的细节，如“准备两个新鲜鸡蛋、一个中等大小的番茄、适量的盐、糖和食用油”，以及制作过程中的关键步骤，比如“先将鸡蛋打散，加入少许盐搅拌均匀”。这些详细信息能帮助 DeepSeek 生成更完整、更具实操性的脚本。

此外，我们还可以补充视频期望传达的情感或氛围，或者个人自媒体账号的风格元素，比如“展现温馨的家庭烹饪氛围，突出亲子互动”，使脚本更具独特性。

3.3.2 如何用 DeepSeek 让脚本更具感染力

1．分析情感需求，调动观众情绪

一个爆款的短视频，除了内容优秀以外，通常在调动观众情绪方面也做得极好。我们可以利用 DeepSeek 分析目标受众的情感需求，在脚本中融入相应的情感元素。

在 DeepSeek 的分析中，家庭美食主题视频强调亲情的温暖。我们可以让 DeepSeek 在脚本中设计孩子参与制作过程，以及父母与孩子互动的温馨场景。例如，“孩子好奇地看着妈妈打鸡蛋，忍不住伸手帮忙，妈妈微笑着指导，画面充满温馨”。这种情感化的表达能让观众产生共鸣，增强视频的感染力。

2. 制造冲突与悬念，抓住观众注意力

我们经常能看到流量很高的美食制作短视频采用这样的结构：在视频开头，创作者会先展示一段制作失败的内容，糟糕的食物画面极具冲击力。这实际上是一种制造冲突和悬念的手法，能够迅速抓住观众的注意力，使他们期待真正成功的成品会是什么样，从而更投入地观看视频。DeepSeek 可以分析短视频中常用的结构技巧，帮助我们在脚本中巧妙地设置冲突和悬念。

在美食制作过程中，我们只需输入指令，让 DeepSeek 为番茄炒蛋短视频设置一个冲突或悬念，DeepSeek 便会生成一个转折情节——“就在番茄炒蛋即将出锅时，突然发现盐放多了，一家人开始想办法补救。”这种冲突能够引发观众的好奇心，使他们想知道接下来如何解决。或者在开头设置悬念：“今天用一种特别的方法做番茄炒蛋，您绝对没见过。”这样可以吸引观众继续观看以解开悬念。

3. 提高短视频旁白和对话的表达效果

生动的语言能让脚本中的画面更加鲜活。我们可以通过 DeepSeek 来改善旁白和对话生硬的问题。

在描述番茄炒蛋的色泽时，我们不希望只是简单的文案——“炒出金黄色的鸡蛋和红色的番茄。”可以输入指令让 DeepSeek 优化文案语言，DeepSeek 便会

根据我们的需求生成新的文案——“将鸡蛋炒至金黄蓬松，宛如盛开的太阳花，与鲜艳如红宝石般的番茄相互交织。”这样的语言描述能让观众在脑海中形成更清晰、更吸引人的画面，提升视频的感染力。

3.3.3 DeepSeek 还能做到：脚本的节奏与结构优化

1．节奏把控

短视频的节奏对观众的观看体验至关重要，过快或过慢都会削弱视频的吸引力。DeepSeek 能够根据视频的时长和内容特点，科学地规划每个镜头的时长和切换节奏。例如，在美食制作视频中，食材准备阶段可以通过快速切换镜头展现各种食材的处理过程，营造一种忙碌而有序的氛围；而在关键烹饪步骤中，如翻炒番茄炒蛋时，则适当放慢镜头节奏，以便观众清晰地看到每个制作细节。

2．结构优化

清晰合理的结构是短视频脚本成功的核心。DeepSeek 能够协助打造引人入胜的脚本结构，常见的框架包括开头引入、中间展开和结尾升华。

在智能手表推广视频中，开头可以通过展示一个引发好奇心的场景或提出一个引人深思的问题来吸引观众注意，如：“在快节奏的生活中，我们是否需要一款既能关注健康，又能彰显时尚品位的智能设备？”中间部分则详细介绍智能手表的核心功能，从外观设计到健康监测，再到其他实用功能，按照逻辑顺序层层递进。最后，通过用户的好评或行动号召对内容进行升华，例如：“成千上万的用户已经选择了这款智能手表，它不仅是一种设备，更是一种时尚与健康的生活方式。现在，就是行动的最佳时机！”

DeepSeek 还可以根据不同的视频类型和主题，推荐更适合的结构模式，如总分总、并列式、递进式等，使脚本结构更加优化。

3. 情节连贯性调整

DeepSeek 能够检查短视频脚本中的情节连贯性，避免出现逻辑跳跃或不连贯的情况。

在我们上传给 DeepSeek 分析的智能手表推广脚本中，如果上一个镜头展示手表的健康监测功能，而下一个镜头突然变为用户佩戴手表参加聚会，却没有任何过渡，这会让观众感到困惑。DeepSeek 可以自动识别并提示这类问题，或者直接进行优化。例如，可以在两个镜头之间添加一个用户结束运动后查看手表数据，并决定佩戴手表去参加聚会的过渡情节，从而确保每个镜头之间的过渡自然流畅，使整个视频情节连贯，让观众能够轻松理解视频内容。

DeepSeek 为短视频脚本创作提供了全方位支持，从快速生成到增强感染力，再到优化节奏与结构，帮助创作者在短时间内产出高质量的短视频脚本。创作者只需掌握正确的使用方法，明确创作需求，合理运用 DeepSeek 的各项功能，便能充分发挥其优势，在竞争激烈的短视频领域中脱颖而出。

3.4 多平台文案的差异化改写

在自媒体领域，多平台运营已成为内容传播和品牌推广的关键策略。不同平台拥有各自独特的用户群体、社区文化和传播规则，因此我们在进行内容创作和分发时，可以针对不同平台进行文案的差异化改写，以适应不同平台的需求，让作品实现更好的传播效果，吸引更多流量。利用 DeepSeek，我们可以高效地一键完成多平台文案的差异化改写。接下来，我们将深入探讨如何运用 DeepSeek 根据不同平台调整文案风格，掌握用 DeepSeek 进行文案改写的核心技巧，以及使用 DeepSeek 规划多平台内容分发的策略。

3.4.1 如何让 DeepSeek 根据不同平台调整文案风格

1．理解不同平台的风格差异

在使用 DeepSeek 调整文案风格之前，需要明确不同平台的用户群体特征和内容偏好，以便更有针对性地优化文案。

社交媒体平台（如微博、抖音）：用户群体广泛，内容传播速度快，文案风格通常需简洁、幽默且富有感染力，以便迅速抓住用户的注意力。

专业平台（如知乎、行业论坛）：用户多为专业人士或深度爱好者，文案应注重深度、专业性和逻辑性，提供高价值的信息以满足用户需求。

新闻平台（如微信公众号、新闻网站）：用户对内容的准确性和权威性有较高要求，文案须具备客观性和严谨性，同时不失吸引力，以提升阅读体验。

电商平台（如淘宝、京东）：文案应突出产品的特点与优势，语言风格可以适度营销化，同时注重情感化引导，以激发消费者的购买欲望。

2. 利用 DeepSeek 进行文案差异化改写

在使用 DeepSeek 调整文案风格时，要掌握 3 个关键指令要素。

第一，明确目标平台：在向 DeepSeek 输入提示语时，应清晰地指定目标平台。例如“生成适合微博平台的文案”或“将这段文案改写为适合知乎平台的风格”。

第二，使用风格标签：不同平台中存在不同的风格特点，我们可以根据内容的目标用户，在指令中添加适合的风格标签，例如“幽默”“专业”“通俗易懂”“营销化”或“下沉风格”等。

第三，结合账号特点：除了风格标签，还可以在指令中加入个人账号的特定要求。例如“加入账号口头禅：各位公主请注意！”

假设自媒体博主小莫需要推广一条关于“泡脚有助于身体健康”的广告文案，并计划在不同平台上发布。以下是通过 DeepSeek 调整后的文案示例。

抖音文案指令：请帮我生成“泡脚有助于身体健康”的广告文案，针对抖音平台，风格幽默、下沉，账号口头禅：各位叔叔阿姨请注意。最终生成结果如下图所示。

请帮我生成“泡脚有助于身体健康”的广告文案，针对抖音平台，风格幽默、下沉，账号口头禅：各位叔叔阿姨请注意。

已深度思考（用时 21 秒）

（开场：主播突然从洗脚盆后探出头，手举塑料小黄鸭）

“各位叔叔阿姨请注意！今儿咱不聊广场舞秘籍，也不教您抢鸡蛋——（突然压低声音）跟您说个比养老金还实在的养生秘诀！”

（镜头切换：主播脚踩发光足浴桶，手持大喇叭）

"38℃的水一泡，任督二脉当场打通！（突然变装中医白大褂）什么老寒腿退退退，失眠多梦全赶跑！隔壁王大爷泡了三天，愣是把广场舞从第八排跳到 C 位！"

（切买菜场景：主播举起芹菜当教鞭）

"别再说养生要花大钱！（芹菜敲黑板）咱这款艾草老姜足浴包，买三送二还带捶背券！（突然掏出计算器）每天不到八毛钱，泡得被窝里脚丫子像小火炉！"

（穿插魔性画面：主播脚底冒出热气特效）

"今晚八点锁定直播间！（突然切换广场舞 BGM）泡脚泡得好，儿女不嫌咱睡得早！泡脚泡得妙，麻将连庄哈哈笑！"

（结尾：主播突然敷着面膜躺进被窝）

"记住咯！泡脚不积极，身体有问题！（突然弹起）哎哎哎购物车别忘点！泡脚包链接这就给您挂屏幕左下角咯！"

（字幕特效：养生不摆烂，泡脚要趁早！）

小红书文案指令：请帮我生成"泡脚有助于身体健康"的广告文案，针对小红书平台，风格幽默、优雅，账号口头禅：各位公主请注意。

最终生成结果如下图所示。

请帮我生成"泡脚有助于身体健康"的广告文案，针对小红书平台，风格幽默、优雅，账号口头禅：各位公主请注意。

已深度思考（用时 22 秒）

（开场：暖光灯下博主穿着丝质睡袍，托腮倚在铺满玫瑰花瓣的浴缸边）

"各位公主请注意！今天不教你们鉴别海蓝之谜，也不安利祖玛珑新香——（突然举起鎏金足浴桶）教你们把养生泡成高定仪式感！"

（镜头切到铺满绒毯的飘窗：香薰蜡烛 / 养生茶 / 足浴包摆成精致九宫格）

“38℃温水 + 艾草老姜玫瑰浴，（指尖轻弹玻璃杯）比泡茶更享受的疗愈 SPA！泡完自带暖宫贴效果，寒性体质公主连 jiojio 都是樱花粉！”

（突然变装珍珠发箍 + 真丝眼罩造型，往足浴桶撒花瓣）

“冷知识：泡脚时敷面膜吸收率翻倍！（举起手机倒计时）每天 20 分钟，收获女团腿 + 水光肌双重礼包，闺蜜还以为你偷偷打了羊胎素！”

（切到复古风手账本特写，钢笔书写“宫廷养生局”）

“买三组赠洛可可风足部按摩板！（盖上烫金火漆印）四舍五入省下美容院充卡钱，泡着追《甄嬛传》都能悟出娘娘们的驻颜心经！”

（结尾泡在雾气缭绕的浴桶里咬玫瑰花瓣）

“记住啦！手脚冰凉的公主是会被没收权杖的。（突然探头）现在点击右下角车车，泡脚包可比你等 crush 回消息快多咯！”

（飘落花瓣字幕：爱自己是终身浪漫的序幕）

（评论区特效：收藏过 500 解锁“泡脚歌单 + 穴位图”彩蛋）

3.4.2 用 DeepSeek 改写文案的核心技巧

1. 精准输入关键词和提示语

DeepSeek 的生成效果高度依赖输入的关键词和提示语。为了实现高效的文案改写，必须确保输入信息的精准性。例如，若需改写一篇关于环保产品的文案，可以使用“环保”“可持续”“产品优势”等关键词，并在提示语中明确目标平台和风格要求，如“将以下文案改写为适合小红书的种草风格，突出产品优势”。

2. 引入情感化和个性化元素

情感化和个性化是文案吸引用户的重要因素。通过在提示语中加入情感化或个性化的关键词，DeepSeek 可以生成更具感染力的文案。例如，对于社交媒体平台，可以加入“温暖人心”“幽默风趣”等关键词；对于电商平台，则可添加“用户痛点”“情感共鸣”等关键词，使文案更具吸引力。

3. 多次迭代优化

通过 DeepSeek 的多次迭代对话，我们可以逐步优化文案质量。第一次生成的文案可能只是初步框架，第二次可以增加细节描述，第三次则可调整语言风格等。通过不断调整提示语和生成参数，我们能够找到最满意的文案版本。

4. 利用对比功能优化文案

我们还可以利用 DeepSeek 同时生成多个版本的文案并进行对比。通过对比不同版本的文案，可以直观地评估不同风格和表达方式的效果，从而选择最适合目标平台的版本。例如，可以同时生成幽默风格和专业风格的文案，通过对比分析，挑选更符合目标平台需求的版本。

3.4.3 使用 DeepSeek 规划多平台内容分发策略

1. 基于平台特点的内容定制

我们可以利用 DeepSeek 分析各平台的热门话题和用户兴趣点，同时了解不同平台对内容形式的具体要求，并通过 DeepSeek 进行内容筛选与定制。例如，可以让 DeepSeek 将一篇长文章改写为适合微博发布的短内容，或者将其转化为抖音短视频脚本。通过整合图片、文字、音频等多种元素，DeepSeek 能够有效满足不同平台用户的阅读与观看习惯。

2. 多平台发布时间规划

不同平台的用户活跃时间存在差异。我们可以通过大数据分析工具或平台官方提供的用户活跃数据，了解各平台用户的活跃高峰期。在此基础上，利用

DeepSeek 分析个人账号的内容，归纳总结粉丝的活跃高峰期，从而制定符合个人账号特点的发布时间规划，确保内容在用户活跃度最高的时间段发布，以获得更多关注和互动。此外，我们还可以利用 DeepSeek 分析不同地区的时差，对于面向全球用户的内容，制订更加细致的发布时间计划。

3. 多平台互动策略

在各平台发布内容后，我们应及时关注用户的评论与反馈，并利用 DeepSeek 工具快速生成高质量的回复，与用户积极互动，提升用户的参与感与忠诚度。同时，还可以通过 DeepSeek 策划跨平台互动活动，引导用户在多个平台之间形成联动。例如，可在微博上发起话题讨论，再在抖音上制作相关视频，鼓励用户在两个平台上同时参与讨论与分享，从而扩大内容的传播范围和影响力。

4. 数据分析与优化

借助各平台账号后台提供的数据，我们可以利用 DeepSeek 进行深入的数据分析，并据此对内容分发策略进行优化。通过 DeepSeek 的分析功能，我们能够识别哪些内容更受用户欢迎，从而加大该类内容在相应平台的创作与分发力度。如果某个平台上的内容互动率较低，可以进一步分析原因，并针对性地调整文案风格、发布时间等，以提升内容的表现效果。

3.5 百万点赞的神回复话术库

在当今社交媒体和网络交流日益发达的时代，一个精彩的回复往往能够引发大量互动，甚至赢得百万点赞，成为众人瞩目的焦点。DeepSeek 是一款功能强大的人工智能工具，可以帮助我们高效地生成高互动率的回复，并逐步建立属于自己的“神回复”话术库，让回复评论不再成为难题。

3.5.1 如何让 DeepSeek 生成高互动率的回复

1. 明确身份、场景、目标和限制

在使用 DeepSeek 生成回复时，我们应尽量明确个人账号的身份、场景、目标和限制。例如，可以这样输入指令：“作为一名汉服穿搭博主（身份），在微博上回复粉丝夸赞的评论（场景），目标是提高互动率（目标），请提供 5 条回复话术，每条不超过 30 字（限制）。”

最终生成的结果如下图所示。

> 作为一名汉服穿搭博主，在微博上回复粉丝夸赞的评论，目标是提高互动率，请提供 5 条回复话术，每条不超过 30 字。
>
> 已深度思考（用时 19 秒）

1. “哇！被仙女夸了好开心！你最喜欢哪套配色？下次安排同款！❤️”
（用昵称拉近距离 + 开放式提问引发讨论）
2. “偷偷说这个发型暗藏玄机！猜猜用了多少发簪？答对有福利✨”
（制造悬念 + 物质激励促进互动）
3. “姐妹眼光太毒了！这件绣花裙摆藏着敦煌纹样，发现了吗？👀”
（专业细节展示 + 激发二次观察）
4. “被夸得想开直播教绑带啦！想学这个齐胸襦裙系法的扣 1！🌸”
（预告新内容 + 简单行动指令）
5. “其实你的汉服照也超美！要不要组队拍双生姐妹款？@ 我发图鸭！”
（反夸粉丝 + 社交裂变引导）

通过明确这些要素，DeepSeek 可以更精准地理解我们的需求，从而生成更符合预期的回复。

2. 提供具体数据和案例

为了让 DeepSeek 生成更具针对性的回复，我们可以提供具体的数据和案例。例如，可以分享一段时间内的读者评论数据，包括点赞数、回复数和评论内容等，或者将评论区中点赞数较高的热门评论导入 DeepSeek。通过对这些数据的分析，DeepSeek 能够生成更贴合粉丝喜好的回复。

3. 利用反问和追问

当 DeepSeek 生成的回复未完全满足需求时，可以通过反问和追问进一步优化。例如，可以这样提问：“我们提供的回复话术中，哪一条最有可能引起读者的共鸣？为什么？请提供具体分析和建议。”通过这种方式，可以引导 DeepSeek 进行更深入的思考和分析，从而生成更优质的回复。

4. 激发创新思维

为生成更具创新性和吸引力的回复，可以尝试通过跨界融合法激发创新思维。例如，可以让 DeepSeek 结合心理学、社会学或经济学的相关知识，设计更具深度与广度的回复话术，从而提升内容的创意性与吸引力。

3.5.2 如何通过 DeepSeek 建立自己的话术库

在建立了一套高效利用 DeepSeek 生成高互动率回复的方法后，我们就可以开始着手建立自己的话术库。

1. 分类整理回复内容

话术库主要是对已评论的回复和已生成的回复进行分类整理。我们可以将所有回复资料导入到一个 Word 或 Excel 文档中，然后将文档上传到 DeepSeek。接着，让 DeepSeek 根据不同平台、主题、场景等要素对这些回复进行分析，并将回复内容分门别类。最后，DeepSeek 会输出完成分类的话术库文档。有了话术库文档，我们便可以根据要素轻松找到所需的回复模板，并根据实际情况进行调整，从而生成优质的回复，快速完成回复任务。

2. 持续优化与更新

话术库的建立是一个动态的过程。随着时间的推移，平台和用户的喜好不断变化和迭代，我们需要持续将数据反馈至 DeepSeek，对话术库进行更新与维护。通过使用 DeepSeek 分析新的回复数据，我们可以对话术库进行优化。借助 DeepSeek 的分析结果，可以识别哪些回复更受欢迎，哪些仍有改进空间。例如，如果发现某类回复的点赞率较高，可以将其作为模板进行进一步优化；而如果某类回复的互动率较低，则可以重新调整提示词，利用 DeepSeek 生成更优质的回复。

第四章

用 DeepSeek 辅助文学创作

在文学的浩瀚星空中，创作者们始终在探寻新的灵感源泉与创作路径。随着科技的迅猛发展，人工智能技术如同一颗璀璨的新星，照亮了文学创作的全新方向。DeepSeek 作为 2024 年底推出的人工智能黑马，为创作者们带来了前所未有的体验与可能性。

DeepSeek 具备强大的数据分析和学习能力，能够对古今中外的海量文学作品进行深度剖析，挖掘其中的叙事结构与主题脉络等规律。在创作者构思故事框架时，DeepSeek 可以基于其数据库中丰富多样的叙事模式，提供富有创意的故事架构建议，激发灵感，使故事开端更具吸引力，情节发展更加跌宕起伏。

在语言表达方面，DeepSeek 同样展现出卓越的辅助能力。它能够学习不同题材的独特语言风格，当创作者希望尝试某种特定风格进行创作时，DeepSeek 可提供契合该风格的词汇和句式建议，帮助创作者更精准地驾驭语言，实现风格的精准模仿与创新融合。

此外，在资料收集与整理阶段，DeepSeek 能迅速筛选出与创作主题相关的历史资料、文化背景信息等内容，极大地节省创作者的时间与精力，使其能够将更多心力集中于核心创作环节。

但我们必须明确，DeepSeek 并不能取代人类创作者，而是作为一个得力助手，与创作者携手共进。它的存在旨在拓展创作的边界，丰富创作的可能性，使文学创作在传统与现代科技的碰撞中绽放出更加绚烂的光彩。在本章中，我们将深入探索 DeepSeek 在文学创作各个环节的具体应用，揭开其助力文学创作的神秘面纱。

4.1 小说创作

在文学创作的漫漫征途中，从构思故事框架到雕琢人物形象，再到锤炼文字风格，每一步都充满挑战，仿佛在黑暗中摸索前行，寻找那束能够照亮灵感之路的光。而如今，DeepSeek 的出现为小说创作者们带来了革命性的变革，成为开启创意宝藏的神奇钥匙，揭开小说创作的全新篇章。

4.1.1 如何使用 DeepSeek 生成小说大纲

小说大纲是作者创作的蓝图，为整个故事的结构和走向提供了清晰的框架。以往，作者经常需要花费大量时间和精力来构思大纲，而 DeepSeek 的出现极大地简化了这一过程。

在使用 DeepSeek 生成小说大纲时，只需向 DeepSeek 输入核心创意和主题，包括故事背景、核心冲突、主要角色等信息。DeepSeek 会根据输入的文字信息，结合其庞大的文本数据库和深度学习算法，快速生成一个初步大纲。

在这一过程中，DeepSeek 不仅能够根据提供的情节完善小说框架，还能根据不同类型小说的特点，给出关键情节节点的建议。例如，在悬疑小说大纲的生成中，它会提醒作者设置一些意想不到的反转情节，以增强故事的紧张感和吸引力。作者可以根据 DeepSeek 生成的大纲框架，结合自己的创意和想法，进行进一步的细化和完善，使大纲更符合自己心中的故事构想。

假设科幻小说作者小费正在创作一个关于时间旅行者拯救未来的科幻故事，他准备用 DeepSeek 生成这个故事的大纲。

小费只需在 DeepSeek 中输入指令：“请帮我生成一个关于时间旅行者拯救未来的科幻故事大纲。” DeepSeek 便能快速生成一个初步大纲，最终生成结果如下图所示（因内容过长，仅截取部分展示）。

请帮我生成一个关于时间旅行者拯救未来的科幻故事大纲

已深度思考（用时 19 秒）

以下是一个关于时间旅行者拯救未来的科幻故事大纲，包含经典的三幕式结构和关键转折点：

标题：《时渊闭环》

核心主题： 自由意志与既定命运的博弈 | 科技伦理的边界 | 个体的牺牲与人类文明的延续

第一幕：崩塌的未来

- **主角设定：**

  叶燃，量子物理学家，因实验事故获得“时间知觉症”（能感知时间线的细微波动）。妻子在三年前的实验室爆炸中失踪，成为他研究时间技术的执念。

- **未来图景：**

  22 世纪的地球被“熵化病毒”侵蚀，物质随机坍缩成量子泡沫。人类最后的堡垒“新伊甸”即将失守，时间管理局启动“火种计划”——将意识投射到过去寻找病毒起源。

- **关键事件：**

  叶燃收到匿名包裹，里面是妻子佩戴的断裂怀表（指针逆时针旋转），触发记忆闪回：爆炸当天的实验室出现异常重力场。与此同时，新伊甸的指挥官凌寒（未来叶燃的学生）强行突破时间屏障，警告他必须在 40 天内找到“零号感染者”。

4.1.2 使用 DeepSeek 生成人物设定与情节

生动鲜明的人物形象与跌宕起伏的情节是吸引读者的关键所在。DeepSeek 在这方面同样能够发挥重要作用，协助作者创造出令人难以忘怀的小说内容。

在进行人物设定时，作者可以向 DeepSeek 描述自己对人物角色的初步设定信息，如年龄、性别、性格特点、人际关系等，以及人物在小说中的角色定位（主角、配角或反派）。例如，只需向 DeepSeek 输入指令："请帮我生成一个 20 岁左右的仙侠题材女性主角设定，性格坚韧勇敢，聪明机智，是一个反抗黑暗势力的凡人英雄。" DeepSeek 便会根据这些信息生成一份详细的人物角色设定。同时，DeepSeek 还会提醒作者为人物设计一些独特的背景故事和成长经历，以丰富人物的性格层次，使其形象更加立体丰满。

在情节生成方面，作者可以基于已有的小说大纲和人物设定，向 DeepSeek 提出具体的情节需求。例如，只需输入指令："根据之前生成的女性仙侠凡人英雄，生成一段她带领大家刻苦修炼的情节。" DeepSeek 会结合人物性格和故事背景，生成一段与设定相匹配的情节。作者可以根据生成的内容进行进一步的润色和修改，使其更好地融入整个小说故事。

4.1.3 DeepSeek 升级功能：小说语言风格优化

一部优秀的小说不仅需要精彩的故事和生动的人物，独特的语言风格也能为其增色不少。通过 DeepSeek，作者可以快速实现不同小说题材的语言润色，使作品更具吸引力。

作者在创作完部分小说内容后，只需将这部分内容导入 DeepSeek，并输入润色指令，DeepSeek 便能根据我们的要求进行语言润色。以古典仙侠风格为例，当我们导入一段小说内容后，再输入"请帮我用古典仙侠小说的风格润色这段内容"的指令，DeepSeek 便会根据所选小说风格的特点，调整词汇选择、句式结构和修辞手法，生成符合古典仙侠题材读者喜好的语言风格。

然而，我们必须清醒地认识到，DeepSeek 虽然功能强大，但终究只是创作者的辅助工具。在使用 DeepSeek 进行小说创作的过程中，作者的个人情感、生活阅历和独特创造力依然是核心要素。DeepSeek 生成的大纲、人物设定、情节和优化的语言，都需要创作者以自己的审美和判断力进行筛选、整合与再创作。只有将人工智能的优势与人类创作者的智慧完美结合，才能创作出真正优秀的小说作品，在文学舞台上绽放出独特光彩。

4.2 剧本创作

在影视艺术蓬勃发展的当下，剧本作为影视作品的基石，其质量直接影响作品的成败。传统的剧本创作过程充满挑战，从搭建一个引人入胜的故事框架，到编写生动的人物对话与细腻的场景描写，再到精心设计剧本的节奏与矛盾冲突，每个环节都需要编剧投入大量时间和精力。如今，DeepSeek 为剧本创作带来了新的曙光，极大地提升了创作效率，拓展了创作思路。

4.2.1 使用 DeepSeek 快速生成剧本框架

剧本框架如同建筑的骨架，支撑起整个故事的结构。一个优秀的剧本框架能够清晰地呈现故事的主线、人物关系以及情节发展的脉络。借助 DeepSeek，编剧们可以快速生成一个可行的剧本框架。

编剧只需向 DeepSeek 输入一些关键信息，如故事类型（如爱情、科幻、悬疑等）、主题（如复仇、成长、友情等）、主要角色特征（如勇敢的战士、善良的医生、狡猾的商人等），DeepSeek 就能迅速生成一个基本的剧本框架。这个框架通常包括故事的起因、发展、高潮和结局，以及各个主要情节节点。

编剧小花想要创作一部科幻冒险题材的剧本，主题是探索未知星球，主要角色是一位勇敢的宇航员和一位聪明的科学家。她只需向 DeepSeek 输入“请帮我生成一部科幻冒险题材的剧本框架，主题是探索未知星球，主要角色是一位勇敢的宇航员和一位聪明的科学家”的指令，DeepSeek 便能快速生成所需的内容。

使用 DeepSeek 生成的剧本框架只是一个起点，我们可以根据自己的创意和构思对其进行修改和完善。DeepSeek 的主要作用是为创作者提供一个快速启动创作的工具，使我们能够更高效地进入创作状态，将更多的精力投入细节的打磨和提升中。

4.2.2 通过 DeepSeek 生成对话与场景描述

生动的角色对话和细腻的场景描述是剧本吸引观众的关键因素之一。DeepSeek 在这方面为编剧提供了强有力的支持，帮助他们创作出鲜活、生动的剧本内容。

编剧们只需输入一些关键信息，例如人物关系、场景设定和情节线索，DeepSeek 就能根据这些信息生成符合人物性格和场景氛围的对话和描述。这些对话和描述不仅自然流畅，还充满了情感和细节，使得故事更加生动和引人入胜。

编剧小花需要在剧本中为男女主角的海边约会场景增加详细的设定，她只需向 DeepSeek 输入“请帮我生成一段男女主角在海边约会的详细场景描写，题材是爱情电影剧本”的指令，DeepSeek 便能快速生成所需的内容。最终生成结果如下图所示（因内容过长，仅截取部分展示）。

请帮我生成一段男女主角在海边约会的详细场景描写，题材是爱情电影剧本

已深度思考（用时 18 秒）

好的，我将按照您的要求创作一个爱情电影场景。为了让故事更完整，我先整理一下故事脉络。请您看看以下内容是否符合您的预期。如果您有其他想法，可以

随时提出，我会进行调整。

故事梗概

- **时光胶囊：**十年前埋下的许愿瓶在暴雨后重现沙滩，这个意外的发现成为男女主重逢的契机。当年未拆封的告白在贝壳纹路里若隐若现，命运的红线在潮汐中若即若离。
- **潮汐密码：**涨潮的海水不断改写沙滩上的秘密符号，男主用贝壳碎片拼出的星图暗藏天文系的浪漫。当浪花漫过脚背的瞬间，两人指尖触碰的电流比月光更灼热。
- **荧光约定：**褪色的荧光手环在暮色中重新发亮，十年前音乐节的人潮与此刻的独处重叠。女主踩在浪线上的舞步与记忆中的少女身影完美重合，未完成的承诺在暮色中闪烁微光。

场景：暮色海滩（外景 / 黄昏）

俯拍镜头：

泛着金箔光泽的浪线在沙滩上编织蕾丝，两串脚印从棕榈树影里蜿蜒而出。涨潮的海水不时漫过凹陷的脚印，把细沙冲刷成半透明的琥珀。

4.2.3 让 DeepSeek 设计剧本节奏与矛盾冲突

剧本的节奏和矛盾冲突是影视作品吸引力的关键所在。一个优秀的剧本应该具备紧凑的节奏和引人入胜的矛盾冲突，以保持观众的注意力并引发他们的共鸣。然而，对于部分编剧来说，如何设计剧本的节奏和矛盾冲突，是一个需要长期实践和经验积累的过程。

DeepSeek 通过智能算法和数据分析能力，能够根据剧本的主题和情节线索，分析故事的节奏点和冲突点，帮助编剧设计剧本的节奏和矛盾冲突，完善故事的逻辑，使剧本在节奏和冲突上具有强烈的吸引力。

DeepSeek 会根据剧本的类型、长度和情节内容，为编剧提供合理的节奏建议。它可以帮助编剧确定各个情节节点的时长和重要性，使整个剧本的节奏张弛有度。

例如，在一部悬疑电影中，DeepSeek 可能会建议在前 30 分钟内逐步铺垫故事背景和人物关系，设置一些小的悬念和伏笔；在中间 60 分钟内，通过一系列事件和线索的展开，逐渐揭开谜团，同时不断制造新的矛盾和冲突，保持观众的紧张感；在最后 30 分钟内，迎来故事的高潮和结局，解决所有的悬念和冲突，给观众一个满意的答案。

在矛盾冲突设计方面，DeepSeek 能够根据剧本的主题和人物关系，为创作者设计出合理的矛盾冲突点。例如，在一部家庭伦理剧中，DeepSeek 可能会建议设置因价值观差异而产生的父母与子女之间的矛盾冲突，或者因财产分配问题引发的家庭成员之间的冲突。同时，它还能分析这些矛盾冲突在不同阶段的发展趋势，以及如何通过情节的推进使矛盾冲突不断升级，最终达到高潮并得到解决。

在使用 DeepSeek 进行剧本创作的过程中，编剧的创意、情感和对生活的理解依然是最为核心的要素。DeepSeek 生成的剧本框架、对话、场景描述以及节奏与矛盾冲突设计建议，都需要编剧以自己的审美和判断力进行筛选、整合与再创作。只有将人工智能的优势与人类创作者的智慧完美结合，才能创作出真正优秀的剧本作品，使其在影视艺术的舞台上绽放出璀璨的光芒。

4.3 诗歌创作

在文学的璀璨星空中，诗歌宛如一颗最为耀眼的明珠，以其凝练的语言、深邃的意境和强烈的情感，直击人心深处。从古老的《诗经》到浪漫的唐诗宋词，再到现代自由奔放的诗篇，诗歌始终承载着人类丰富的情感与对世界的独特感悟。诗歌创作并非易事，灵感的闪现、韵律的和谐以及情感的精准传递，常常让诗人绞尽脑汁。如今，DeepSeek 这一先进的人工智能技术，为诗歌创作领域带来了全新的活力与可能。

4.3.1 运用 DeepSeek 挖掘诗歌灵感

灵感是诗歌创作的第一缕曙光，它点亮了诗人的思维，指引他们走向独特的诗意表达。过去，诗人们常从生活的细节、自然的变幻、内心的感悟等方面汲取灵感。然而，在信息化时代，这些传统的灵感来源有时显得单一，创作者容易陷入思维定式。如今，借助 DeepSeek，诗歌灵感的挖掘得以开辟更广阔的天地。

DeepSeek 拥有强大的数据分析与学习能力，能够深入挖掘并整合海量的文学作品、历史典故、新闻资讯及学术研究等信息。只需输入关键词或指令，DeepSeek 便可高效搜集相关资料，为创作提供灵感支持。

诗人小海想创作一首关于秋天的诗歌，只需向 DeepSeek 输入“生成 5 个关于秋天的诗歌灵感角度”这一指令，DeepSeek 即可快速生成所需内容。创作者可以基于这些丰富的灵感线索，结合自身的生活体验与情感认知，进一步展开深度联想与创作。最终生成结果如下图所示。

请帮我生成 5 个关于秋天的诗歌灵感角度

已深度思考（用时 20 秒）

以下是 5 个新颖的秋天诗歌创作视角，每个灵感角度都包含意象拓展建议：

1．玻璃上的呼吸地图

（窗内外的温差在玻璃上凝结成雾）

可延伸：指纹画出的岛屿 / 逐渐消失的候鸟形状 / 孩童涂鸦的透明边界 / 逐渐清晰的外界风景

2．树影刺绣大师

（阳光穿过疏枝投射地面图案）

可延伸：风修改针脚的密度 / 落叶金线穿梭其中 / 蚂蚁搬运光的碎钻 / 黄昏收走最后一块绸缎

3．候鸟的语法错误

（迁徙阵型打乱天空的标点）

可延伸：掉队的“逗号”卡在电线 / 云层擦除凌乱笔迹 / 月光校对夜航路线 / 黎明破折号划开雾霭

4．毛衣考古学

（从箱底翻出旧毛衣）

可延伸：纤维里冬眠的蝉鸣 / 袖口磨损的夏日海岸线 / 毛球结成的记忆囊肿 / 樟脑味封印的拥抱形状

5．黄昏药房

（夕照给万物镀上药理性光泽）

可延伸：银杏叶包糖衣的胶囊 / 薄雾配方的安神汤剂 / 群鸦熬煮止疼墨汁 / 星星开始配发银色药片

在灵感挖掘的过程中，DeepSeek 能够帮助创作者突破思维局限，提供具有潜在关联的信息，激发创造性思维。例如，在创作以“城市的孤独”为主题的诗歌时，DeepSeek 不仅可以呈现城市生活的相关场景，还能关联到宇宙中孤独星球的知识，从宏观角度引导创作者思考城市中个体的孤独，从而创作出富有独特视角的作品。

4.3.2 DeepSeek 与诗歌的韵律优化

韵律是诗歌的重要组成部分，它赋予诗歌音乐般的美感与节奏感。DeepSeek 通过学习和分析大量诗歌的韵律模式，为诗人提供韵律优化的建议。它能够识别诗歌中的韵脚、节奏、音步等韵律元素，并根据诗歌的风格与主题，推荐适合的韵律模式及调整方案。例如，对于抒情诗，DeepSeek 可以建议采用柔和、流畅的韵律，以增强情感的表达；而对于叙事诗，它则可能推荐更加明快、有力的韵律，以推动故事情节的发展。

DeepSeek 能够协助诗人解决韵律创作中的诸多难题，例如韵脚的选择与搭配。它会根据诗歌的语境和情感色彩，提供多种韵脚选项，并分析每个选项的韵律效果与表达意义。诗人可以结合自己的创作意图与风格偏好，选择最合适的韵脚，使诗歌的韵律更为和谐自然。

此外，DeepSeek 还能够对诗歌的整体韵律进行评估与优化，确保其在韵律上保持连贯性与一致性，从而增强诗歌的艺术感染力。

4.3.3 如何通过 DeepSeek 让诗歌更具情感共鸣

诗歌的灵魂在于引发读者的情感共鸣。一首优秀的诗歌能够跨越时空的界限，触动读者内心深处最柔软的部分。然而，要精准地把握情感表达的尺度，让诗歌在不同读者心中引发强烈的共鸣并非易事。DeepSeek 可以通过对人类情感的分析和理解，帮助诗人更好地掌握情感表达的技巧和方法。它能够识别诗歌中的情感词汇和意象，并分析其情感色彩和强度，为诗人提供情感表达的优化建议。例如，当诗人想要表达悲伤的情感时，DeepSeek 可以提供一些更加细腻、深刻的词汇和意象，帮助诗人更准确地传达内心的感受。

DeepSeek 能够分析读者的情感反应和阅读习惯，为诗人提供针对性的创作建议。通过了解读者对不同类型诗歌的情感偏好和接受程度，诗人可以调整创作方向与风格，使作品更加契合读者的审美需求，增强诗歌的情感共鸣。同时，DeepSeek 还能够为诗人提供创新的情感表达思路与方法，帮助他们在创作中融入更多层次与变化，使诗歌更具感染力与吸引力。

DeepSeek 在诗歌创作中发挥着重要作用，不仅为诗人提供丰富的灵感来源和韵律优化建议，还帮助他们更好地掌握情感表达，从而创作出更加触动人心的诗歌作品。随着人工智能技术的不断发展与完善，DeepSeek 将在诗歌创作领域展现更大的潜力，为诗歌艺术的发展注入新的活力与创造力。

4.4 散文创作

散文以其灵动自如、情感细腻、题材广泛的特点，在文学创作中占据着独特的地位。它宛如一条清澈的溪流，流淌在人类精神的原野上，折射出生活五彩斑斓的光影，承载着创作者对世间万物的感悟与思索。然而，散文创作并非易事。它既需要深厚的文化底蕴与敏锐的观察力，又要求创作者具备精湛的文字驾驭能力和独特的审美视角。如今，DeepSeek 如同一位博学的文学顾问，为创作者提供灵感的火花，拓宽创作视野，帮助他们在散文的海洋中找到新的航向。

4.4.1 用 DeepSeek 生成散文的主题与结构

散文的主题往往是作者思想的集中体现，是整篇文章的灵魂。DeepSeek 通过其内置的算法和联网搜索，能够分析大量文本数据，提炼出具有普遍性和深刻性的主题。在散文创作中，我们可以利用这一优势，快速确定文章的核心思想。只需向 DeepSeek 输入散文主题的关键词信息，DeepSeek 便能为我们分析归纳，提炼出散文的主题。

作家小辛希望创作一篇关于故乡与远方的散文，只需向 DeepSeek 输入指令“请帮我提炼有关故乡与远方的散文主题”，便可能获得如下建议：通过对比故乡的熟悉与远方的陌生，探讨个体在不同环境中的身份认同与情感体验；将故乡视为精神的原乡，把远方视为诗意的栖息地，深入剖析个体在追求精神自由过程中的内心挣扎与成长。这些主题建议不仅兼具深度与广度，还能有效激发作者的创作灵感，使散文主题更加鲜明而富有层次感。

散文作为一种自由而灵活的文学体裁，其结构通常没有固定的模式，但优秀的散文总能在看似散漫的叙述中展现出一条清晰的线索，引领读者走进作者的思想世界。当创作者需要构建散文框架时，可以借助 DeepSeek 快速生成逻辑严密、连贯性强的散文结构。

作家小李在构思一篇关于时间流逝的散文时，只需向 DeepSeek 输入“请帮我生成一个散文框架，主题是时间流逝”的指令，DeepSeek 便能根据指令快速生成一个散文框架。最终生成结果如下图所示（因内容过长，仅截取部分展示）。

请帮我生成一个散文框架，主题是时间流逝

已深度思考（用时 21 秒）

《时光经纬》散文框架

一、引子：沙漏意象（300 字）

1. 清晨书案上斜倚的铜制沙漏

2. 光粒坠落时在檀木底座溅起的微尘

3. 上半部将尽的沙丘与底部新堆积的锥形

二、自然计时三部曲（每章 400 字）

1. 苔痕年轮

• 老井石壁的苔藓色阶变化

• 梧桐断面深浅相间的同心圆

• 候鸟翅膀下褪色的环志铝片

2. 光影罗盘

• 日晷铜针在汉白玉面拖曳的弧形暗影

4.4.2 通过 DeepSeek，让散文更具文学性

尽管 DeepSeek 在内容生成方面表现出极高的水准，但若要使散文更具文学性，仍需进一步调整与优化。

文学性是散文的重要特质，体现在语言的精准运用、修辞手法的巧妙应用以及经典文学元素的适当借鉴上。在使用 DeepSeek 的过程中，我们可以有意识地引导其融入这些元素，从而提升散文的文学价值。

修辞手法，如比喻、拟人、排比等，是提升散文文学性的重要手段。我们可以向 DeepSeek 提供一些运用这些修辞手法的例句或段落作为示例，要求它在生成内容时融入这些修辞技巧。同时，我们也可以在 DeepSeek 生成内容的基础上，对修辞进行进一步的润色和强化，使文章在修辞层面更加丰富多彩。

DeepSeek 可能会将“太阳很亮”改写为“金灿灿的阳光如丝缕般洒下，照亮了每一寸土地”；它还可能建议调整句式结构，交替使用长句和短句，从而增强文章的节奏感，例如将“我喜欢花，花很美”改为“那些花儿，摇曳生姿，是我心中最美的风景，我深深地喜爱着它们”。

需要注意的是，人工智能生成的内容有时可能缺乏个人特色和情感色彩，因此，我们可以通过与 DeepSeek 进行多轮对话和反复优化，指导其根据我们的风格和情感需求对散文进行加工与润色。

例如，在描写个人经历时，我们可以保留 DeepSeek 提供的情节框架，但运用更加细腻、生动的语言来描绘细节，使文章更加真实感人。同时，我们也可以根据自己的情感体验，对文章中的情感线索进行强化或调整，使散文在情感上更加饱满、深刻。

4.5 歌词创作

在音乐的世界中，歌词是歌曲的灵魂。它通过文字构筑起情感与旋律的桥梁，触动着无数听众的心弦。从古老民谣的质朴叙事到现代流行音乐的多元表达，歌词承载着人类的喜怒哀乐与爱恨情仇，是文化传承与情感共鸣的重要载体。歌词创作并非易事，它要求创作者在有限的篇幅中，以精练且富有韵律的语言精准传递情感与意象，同时需与音乐的节奏和旋律完美契合。

DeepSeek 能够深入分析海量歌词文本，挖掘歌词创作的内在规律、流行元素以及情感表达方式。它如同一位经验丰富的音乐文学导师，为创作者提供灵感来源、技巧指导以及风格参考，为音乐创作注入新的活力与创意，奏响音乐文学的新篇章。

4.5.1 使用 DeepSeek 生成歌词灵感

灵感对于歌词创作者而言，就像夜空中闪烁的流星，可遇而不可求。在漫长的创作过程中，创作者常常会陷入灵感枯竭的困境，面对空白的稿纸或屏幕，绞尽脑汁却难以下笔。DeepSeek 的出现为这一难题提供了有效的解决方案。

DeepSeek 具备强大的大数据分析和深度学习能力，能够对海量的音乐作品、文学作品以及各种文化素材进行深度挖掘和分析。当创作者向 DeepSeek 输入诸如歌曲主题、情感基调或特定意象等关键信息时，系统会迅速在其庞大的数据库中进行检索和匹配，生成相关灵感内容。

创作者小周希望创作一首以“青春离别”为主题的歌曲。他只需向 DeepSeek 输入“请帮我生成有关青春离别的歌词灵感”这一指令，DeepSeek 便能够迅速根据指令生成相关内容。最终生成结果如下图所示（因内容过长，仅截取部分展示）。

请帮我生成有关青春离别的歌词灵感

已深度思考（用时 19 秒）

《候鸟季风》

主歌 1：
黑板擦抹去最后一题三角函数
粉笔灰飘成六月的雪
窗外的蝉鸣突然卡带
你的背影在走廊溶解成胶片

副歌：
我们是被季风冲散的候鸟群
各自迁徙向未知经纬度扎根
那些没拆封的信件在抽屉泛潮
青春是首永远欠半拍的副歌

主歌 2：
操场跑道长出铁锈色年轮
自动贩卖机吞下过期硬币
你借的橡皮只剩残缺月牙
而我还在拼写褪色的姓名笔画

不仅如此，DeepSeek 还能够通过分析不同音乐风格，为创作者提供独特的灵感视角。例如，如果创作者小周计划将一首青春离别题材的歌词调整为更适合民谣的风格，DeepSeek 会结合民谣音乐中常见的叙事手法以及质朴的情感表达特点，提供贴合民谣风格的创作建议。它可能会推荐一些民谣中常用的意象，例如“古老的吉他”或“远方的列车”，以帮助创作者更好地构建符合民谣风格的歌词框架。这样一来，创作出的歌词既能展现独特的主题内涵，又能完美融入目标音乐风格之中。

然而，尽管 DeepSeek 能够提供丰富的灵感，它并不能完全取代创作者的创造力和独特视角。创作者需要在 DeepSeek 所提供的灵感基础上，融入自己的情感、体验与思考，才能创作出真正具有个性和感染力的歌词。

4.5.2 DeepSeek 可以让歌词更押韵

押韵是歌词创作中的重要技巧之一。它不仅能够增强歌词的节奏感与韵律感，还能使歌曲更加悦耳动听。凭借其强大的语言处理能力，DeepSeek 可以帮助创作者创作出更具押韵效果的歌词。

首先，DeepSeek 能够为创作者提供丰富的押韵词组。通过分析大量歌词中的押韵模式，DeepSeek 能够生成多种押韵词对。创作者可以根据这些词对选择合适的词汇，进一步优化歌词的押韵效果，使其更具节奏感和艺术性。

其次，DeepSeek 可以帮助创作者调整歌词的韵律。押韵不仅关乎词汇的选择，还需要兼顾句子的节奏与和谐感。通过对歌词韵律的深入分析，DeepSeek 能够提供调整建议，使歌词的节奏更加流畅、和谐。例如，如果创作者的歌词在韵律上显得不够协调，DeepSeek 可以建议调整句子的结构或词语的顺序，从而优化韵律。

最后，DeepSeek 还能根据创作者的创作意图和音乐风格，提供个性化的押韵建议。不同风格的音乐通常需要不同类型的押韵方式，DeepSeek 通过对各种音乐风格的押韵模式进行分析，能够提供与之相匹配的建议。例如，在创作一首民谣风格的歌曲时，DeepSeek 可以推荐一些自然、质朴的押韵词汇和句式，使歌词更贴合民谣风格。

然而，尽管 DeepSeek 能够提供丰富的押韵建议，创作者仍需根据自身的创作意图和情感表达灵活运用这些建议。押韵仅是歌词创作中的一种技巧，创作者还应关注歌词的整体质量与情感表达，才能创作出真正优秀的作品。

总之，DeepSeek 为歌词创作带来了新的可能性和机遇。通过使用 DeepSeek，创作者可以更加高效地获得灵感，创作出更加押韵和优质的歌词。然而，创作者仍然需要保持自身的创造力和独特视角，将 DeepSeek 视为辅助工具，而不是完全依赖它。只有这样，他们才能在歌词创作的道路上不断进步，创作出更多优秀的音乐作品。

第五章

用 DeepSeek 规划副业蓝图

在当今充满机遇与挑战的时代，单一的职业路径已难以满足人们对生活品质、自我实现以及经济安全感的多元追求。副业，宛如隐藏在日常忙碌背后的一座宝藏岛屿，吸引着无数人跃跃欲试，希望挖掘出属于自己的额外财富与价值。

生活的车轮滚滚向前，经济形势风云变幻，单一收入来源的脆弱性逐渐显现。一场突如其来的行业变革，或不可预知的生活变故，都可能让主业的稳定瞬间崩塌，使生活陷入困境。此时，副业不再只是锦上添花的点缀，而是雪中送炭的保障，是我们在复杂世界中构建稳固生活根基的关键一环。而 DeepSeek，正如一台精准的导航仪与智能参谋，为规划副业的征程照亮方向、提供策略，助力我们绘制出独一无二的副业蓝图。

副业的世界五彩斑斓，却也充满迷雾。从热门的电商直播、自媒体创作，到小众的手工艺品制作、宠物护理服务，丰富的选择令人眼花缭乱。然而，盲目跟风入场往往只会陷入竞争的“红海”，耗费大量时间与精力却收效甚微。这正是 DeepSeek 发挥作用的绝佳场景。凭借强大的数据分析能力，它能够深入挖掘市场趋势的细微脉动，精准洞察各个副业领域的潜在需求、竞争态势以及盈利模式。无论是新兴的数字艺术创作市场，还是传统手工艺在小众群体中的复兴潮流，DeepSeek 都能提供翔实的数据支持与趋势预测，让我们在选择副业方向时，不再凭借一腔热血与模糊直觉，而是基于理性分析与科学判断。

不仅如此，DeepSeek 不只是市场趋势的“瞭望者”，更是个人能力与资源的“匹配师”。它能够结合我们的专业技能、兴趣爱好、时间安排以及可调配资源，为我们量身定制副业规划方案。在这一过程中，DeepSeek 就像一位贴心的导师，充分挖掘我们的潜力，帮助我们找到那条与自身特质完美契合的副业之路。

在本章中，我们将深入探索如何借助 DeepSeek 这一神奇工具，一步步揭开副业的神秘面纱，精心规划出属于自己的副业蓝图，开启一段充满无限可能的财富与成长之旅。

5.1 分析个人副业机会

在当今多元化发展的社会环境下，许多人通过开展副业来增加收入、拓展技能，甚至实现个人理想。然而，我们需要明确，寻找合适的副业机会并非易事。这不仅需要我们对自身状况有清晰的认知，还需要对市场有敏锐的洞察力。借助 DeepSeek，我们可以对自己进行全方位、深层次的评估，从而分析个人的副业机会。

5.1.1 用 DeepSeek 评估个人是否具备副业潜力

成功的道路千差万别，不同的人适合的副业自然也各有不同。如果向 DeepSeek 提问，它会告诉我们，评估个人副业机会需要结合自身情况和目标。因此，我们需要向 DeepSeek 提供个人的核心信息。以下是需要提供的最关键的信息要素。

可用时间：每周或每天可投入副业的时间（例如每周 5 ～ 10 小时，或工作日晚上 2 小时）。

现有职业：主业是否稳定？是否允许兼职？是否需要对副业保密？

家庭责任：是否有家庭或需要照顾他人的责任，从而影响时间分配？

核心技能：擅长的领域，例如写作、编程、设计、销售、外语或数据分析等。

兴趣方向：感兴趣或愿意学习的领域，例如自媒体、电商、手工制作、教育等。

经验背景：是否有相关的副业或创业经验？过去的成功或失败的关键点是什么？

启动资金：可投入的初始资金范围，例如 0 元或 1 万元以内。

现有资源：是否拥有相关设备（如电脑、相机）、人脉、渠道，或特殊权限（如供应商资源等）？

地理限制：是否需要完全在线开展？是否依赖本地市场？

短期目标：希望副业能带来多少月收入，或积累经验、人脉？

长期愿景：未来是否希望将副业发展为主业？

风险承受能力：能够接受多少资金或时间的损失？是否担心失败会影响主业？

整理好这些个人信息后，我们只需向 DeepSeek 输入指令“请根据我的个人情况分析我是否具备副业潜力”。DeepSeek 将基于我们的个人信息进行深入分析，帮助全面评估自身的副业潜力，并提供初步的副业推荐清单。

5.1.2 用 DeepSeek 辅助分析个人副业现状

如果从业者已经拥有副业，我们可以借助 DeepSeek 来分析个人副业的现状，帮助发现问题、提供解决方案，并明确优化与发展的方向。为实现这一目标，DeepSeek 需要了解副业的当前进展、资源投入、面临的挑战以及未来的目标。因此，我们需要向 DeepSeek 提供以下关键要素和遇到的问题。

副业类型：目前从事的具体方向（如电商、自媒体、家教、设计接单等）。

运营时间：已持续多久（如 3 个月、1 年）。

时间分配：每周实际投入的时间（是否超预期？是否与主业冲突）。

启动成本：已投入的资金、设备或其他资源（如 5000 元、一台相机）。

收入情况：月均收入范围（如不稳定，500 ～ 2000 元 / 月；或稳定，3000

元 / 月）。

客户反馈：是否有复购率、粉丝增长、好评率等数据？

核心优势：我们认为副业能运行至今的关键（如独家供应链、个人 IP、低成本获客）。

主要问题：目前最大的困难（如时间不够、收入瓶颈、客源不稳定）。

现状满意度：是否符合我们的初期预期？目前与长期预期的差距？

整理好这些个人信息后，我们只需向 DeepSeek 输入指令“请根据我的个人情况，分析我的副业现状，找出问题并提出优化建议”。随后，DeepSeek 将根据我们的个人副业情况进行深入分析，帮助我们评估现状并提供相应的解决方案。

5.2 用 DeepSeek 选出最优副业

越来越多的人通过副业实现财富自由。开展副业已成为应对时代不确定性、拓宽收入来源乃至实现职业转型的关键途径。然而，面对琳琅满目的副业选项，如何挑选出最适合自己的那一个，成为众多跃跃欲试者的一大难题。如今，我们可以借助 DeepSeek 拨开迷雾，精准锁定最优副业。

5.2.1 副业市场的趋势分析

了解副业市场的趋势是选择副业的关键的第一步。DeepSeek 通过海量数据分析，能够揭示副业市场的最新动态和发展方向，并对不同副业的潜力进行排序。

例如，我们可以向 DeepSeek 输入指令："请帮我分析 2025 年国内副业市场的趋势。" DeepSeek 将从政策、技术、社会需求及经济环境等多个维度，分析 2025 年国内副业市场的趋势，包括机遇、挑战及应对策略，并生成副业推荐清单。不过，这种提问范围较为宽泛，适合作为对副业整体概况的初步了解。如果需要更细致的副业市场趋势分析，可以要求 DeepSeek 提供以下几个关键信息要素。

① 政策与法规影响（知识产权保护对副业的影响如何）

② 技能与工具需求（未来 3 年，副业从业者需要掌握哪些技能？哪些工具或平台可能成为副业基础设施）

③ 经济环境关联性（经济复苏或下行对特定副业需求会产生什么影响）

④ 具体领域与市场需求（单身经济中最热门的副业市场是什么）

⑤ 风险与挑战（2025 年从事副业需要警惕哪些新型骗局或潜在陷阱）

通过与 DeepSeek 进行多轮对话，可以深入探索感兴趣的副业趋势。此外，还可以对上述信息要素进行组合提问，例如：“从技术角度看，2025 年哪些副业的成本可能下降？哪些可能面临淘汰？”“二、三线城市有哪些政策红利型副业机会？”“普通人如何抓住‘银发经济’的副业机会？需要提前做哪些准备？”

5.2.2 如何利用 DeepSeek 进行副业筛选

在充分了解感兴趣的副业市场趋势后，可以综合上述分析结果，利用 DeepSeek 进一步筛选副业，从而更精准地找到最适合自己的选择。

我们已经通过 DeepSeek 生成了符合个人情况的副业推荐清单或个人副业现状评估，并对副业市场的趋势和发展潜力有了一定的了解。接下来，我们可以进一步利用 DeepSeek，将个人情况与对副业市场的分析结果进行深度叠加分析，最终筛选出最适合我们的副业。

只需向 DeepSeek 输入指令：“请结合我的个人情况和对未来副业市场的趋势分析，推荐最适合我的副业。”DeepSeek 就会根据我们的实际情况，推荐最符合我们需求的副业。

5.2.3 副业的风险与收益评估

在选择副业时，风险与收益的评估是不可或缺的重要环节。DeepSeek 能够提供全面且客观的风险与收益分析，帮助我们在复杂的决策中做出更加明智的选择。

首先，DeepSeek 能够根据副业的市场需求、竞争状况和盈利模式等因素，预测其短期与长期的收益潜力。例如，对于自媒体写作这一副业，DeepSeek 可以分析各平台的广告分成政策、粉丝增长趋势以及内容变现渠道，进而预测未来

1～2 年内可能获得的收入。此外，DeepSeek 还能对比不同副业的收益增长趋势，帮助用户选择更具收益潜力的副业。

其次，副业通常面临多种风险，包括市场风险、竞争风险、政策风险和技术风险等。DeepSeek 能够识别这些风险因素，并评估其发生的可能性及影响程度。例如，在投资型副业中，如股票投资或外汇交易，DeepSeek 可以分析市场波动和政策变化对投资收益的影响，及时提醒用户注意风险控制。

再次，DeepSeek 不仅能识别风险，还能提供针对性的风险应对策略。例如，针对市场风险，DeepSeek 可能建议通过产品或服务多元化、拓展市场渠道等方式来降低风险；而对于技术风险，DeepSeek 则可能建议加强技术研发与学习，及时更新设备与技术，从而应对技术变革带来的挑战。

最后，在综合评估副业的风险与收益后，DeepSeek 可以帮助我们进行全面权衡。根据个人的风险承受能力和收益期望，它能够优化并推荐最适合的副业选择。借助 DeepSeek，我们能够深入了解副业市场趋势，精准筛选潜在机会，并对风险与收益进行全面评估，从而更加科学、理性地选择副业，为职业生涯和财务状况注入新的活力与动力。

5.3 副业实施方案

通过分析个人情况和副业市场趋势，我们已经明确了副业的方向。接下来，可以借助 DeepSeek 制订一套切实可行的副业实施计划。DeepSeek 能够基于既定的副业方向，深入剖析市场竞争格局，为我们规划详细的阶段性目标。同时，它在资源整合、营销策略制定等方面能提供精准且实用的建议，帮助我们打造一套高效且针对性强的实施方案，从而引导我们稳步迈向副业的成功之路。

5.3.1 借助 DeepSeek 制订副业计划

在明确适合自己的副业方向后，制定一个切实可行的实施方案显得尤为重要。DeepSeek 能够为我们提供全方位且精细化的指导，帮助副业从顺利规划走向落地实施。

我们只需将之前生成的个人情况评估和副业筛选结果导入 DeepSeek，并输入"请根据我的个人信息，生成一份副业计划"的指令，DeepSeek 就会从阶段拆分、关键动作、风险预案等方面，为我们生成一份详尽的副业计划。

5.3.2 如何利用 DeepSeek 优化副业流程

在副业开展过程中，烦琐复杂的工作流程往往会成为提高效率的障碍。DeepSeek 能够深入梳理整个工作流程，精准识别其中的冗余环节，并提出切实可行的简化方案。以线上家教副业为例，DeepSeek 会对从课程推广、学生咨询、课程安排到教学实施、课后反馈等一系列流程进行细致分析。它可能发现，在学生咨询环节，由于回复咨询的话术缺乏统一规范、流程不够清晰流畅，部分潜在学生因此流失。针对这一问题，DeepSeek 会建议从业者制定标准化的咨询回复模板，并优化咨询流程，例如设置自动回复以解答常见问题，并将复杂问题迅速转接给专业教师进行处理。通过这样的优化举措，不仅能够显著提高咨询转化率，还能有效简化工作流程，从而大幅提升整体工作效率。

对于副业从业者而言，尤其是在主业与副业并行的情况下，合理的时间管理以及精准的任务优先级排序至关重要。DeepSeek 依据用户预先设定的副业目标和日常时间安排，运用先进的智能算法，为各项任务合理分配时间，并精准确定其优先级。

小赵在从事电商运营副业的同时，还需兼顾繁忙的主业工作。DeepSeek 通过数据分析发现，每周一、周二电商平台的流量相对较高，适合开展新品推广活动；而周末时间相对宽裕，更适合集中处理订单发货、客户售后等工作。基于这一分析，DeepSeek 将周一、周二的新品推广任务设定为高优先级，并及时提醒小赵提前准备好推广素材；同时，将周末的订单处理和售后服务等任务合理安排在相应时间段。通过这一精细化的安排，各项工作得以有条不紊地推进，有效避免了因时间冲突导致的任务积压或重要事项遗漏，从而显著提升时间利用效率。

深度分析数据是实现副业流程优化的核心驱动力，而在这一方面，DeepSeek 具备强大的优势。它能够对用户上传的各类关键数据——如线上店铺的流量、客户转化率、产品销量等——进行全面分析，精准定位问题，并提出切实可行的解决方案。

例如，小孙从事线上服装销售副业，DeepSeek 通过对店铺数据的深入分析，发现某款连衣裙在特定时间段内的浏览量较高，但转化率却不理想。进一步分析后发现，该产品详情页的图片质量不佳，描述不够生动，未能充分展现产品的独特卖点与优势。基于这一洞察，DeepSeek 为小孙提供了针对性极强的改进建议，例如更换高清、吸引力强的图片，优化产品描述，重点突出产品的材质、设计亮点以及穿着效果等。通过持续的数据监测与深度分析，DeepSeek 帮助小孙不断优化副业运营流程，推动业务效果实现质的提升。

综上所述，DeepSeek 在制定副业实施方案的过程中，从精心规划副业计划到持续优化运营流程，每一个环节都发挥了不可替代的重要作用。它为用户提供了科学、高效、精准的方法与策略，使副业发展更加顺畅，有效减少弯路，帮助用户稳健地朝着目标迈进。最终，DeepSeek 能助力用户将副业成功转化为实现个人价值与财富增长的强大动力。

5.4 用 DeepSeek 解析副业优秀案例

副业市场发展如火如荼，但我们必须清楚，开展副业之路并非一帆风顺。在副业领域的探索中，既有成功的范例，也有失败的教训。通过 DeepSeek 工具，我们能够深入剖析这些案例，从中汲取宝贵的经验，为自身的副业发展提供切实可行的指引。

5.4.1 成功副业案例介绍

1. 法医秦明

秦明，1981 年出生于安徽省铜陵市，现任安徽省公安厅物证鉴定管理处法医病理损伤检验科副主任法医师，同时担任警务技术四级主任。他不仅在专业领域表现卓越，还成功转型为作家，是热门小说《法医秦明》系列的作者。

作为法医，秦明在本职工作中始终兢兢业业，凭借精湛的专业技能和丰富的实践经验，为无数案件的侦破提供了关键线索，捍卫着公平与正义；作为作家，他在副业上的成就同样令人瞩目，通过写作将法医学知识与悬疑故事相结合，成功将这一神秘职业带入大众视野。他的代表作《法医秦明》不仅多次荣获文学奖项，系列作品还被改编为多部同名影视剧，广受好评。

秦明在法医领域的深厚积累为他的写作提供了丰富的素材和专业支撑。其任职法医期间的真实经历使他能够在小说中生动描绘法医工作的细节与场景，令读者如临其境。例如，在《法医秦明》系列小说中，他对尸斑形成、钝器伤口等法医学知识的深入讲解，不仅满足了读者的好奇心，也起到了普及科学知识的作用。

此外，副业的成功反过来也为主业带来了积极影响。通过写作，秦明向公众普及了法医学知识，改善了法医职业的社会形象，增进了大众对法医事业的理解和支持。

2. Papi酱

Papi 酱，本名姜逸磊，1987 年出生于上海，毕业于中央戏剧学院导演系，曾担任过电视节目的编导、配音和导演助理等工作。在攻读导演系硕士学位期间，她在网络上发布自己的视频，并于 2015 年以搞怪风格的视频迅速走红。

她的视频以幽默、犀利且贴近生活的方式，直击社会热点和年轻人的痛点，迅速吸引了大量粉丝，成为热门的网络红人。2016 年 6 月，Papi 酱获得超级红人节微博十大视频红人奖，进一步受到罗辑思维、真格基金等投资方的青睐，共同注资 1200 万元。Papi 酱的个人品牌估值因此飙升至 3 亿元，被誉为“2016 年第一网红”。

在本科毕业经历了四年的职业探索期后，Papi 酱曾尝试多种与所学专业相关的工作，但始终未能找到明确的职业方向。直到她抓住网络视频的风口，尽情发挥自己深厚的文学功底和专业技能，实现了副业转主业的成功。

在视频领域取得成功后，Papi 酱继续向多元化发展，成立了 Papitube——一个专注于短视频内容创作的 MCN 机构。这不仅为她本人提供了更广阔的发展空间，也为其他创作者提供了平台，推动了整个短视频行业的发展。

回顾 Papi 酱的历程，从最初在影视行业的迷茫摸索，到在网络视频领域大放异彩，再到借助短视频积累的优势在商业领域实现华丽转身，她的成功绝非偶然。这是对个人优势的深度挖掘、对市场趋势的精准判断以及不懈努力共同作用的结果。Papi 酱的成功为众多在职业道路上徘徊的人照亮了前行的方向，证明了只要善于把握机遇，副业也能成就非凡的事业。

3. 程序员李明

笔者身边有一个副业收入超过主业的真实案例，那就是笔者的朋友——程序员李明。李明白天在一家证券公司担任程序员，月薪 3 万元。这本来已经是令人羡慕的工作，但程序员行业中关于“年龄天花板”的传闻，比如 35 岁可能面临失业，以及公司经济波动可能导致的裁员风险，让他感到不安。与此同时，李明已结婚成家，希望能为妻女在上海购置一套更好的房子，提供更优质的生活条件。基于这些考虑，他开始了自己的副业生涯：每天晚上在陆家嘴的街头摆摊卖烧烤。如今，他通过卖烧烤的副业每月收入已达到 5 万元，远超他的主业工资。

李明的副业并非一开始就顺风顺水。在摆摊的头半年，他尝试了多种选品，卖过短袖、鲜花、西瓜等商品，经历了有赚有赔的过程。最终，他选择了卖烧烤，因为这一选项利润更高且效果更为理想。如今，李明已经摆摊一年多，从最初的手忙脚乱到逐渐熟练掌握烧烤技巧，他用心挑选食材，认真经营每一个夜晚的生意。他高兴地表示，副业让他离买房的目标越来越近。他还鼓励有想法的朋友尽快选择低成本的方式开启自己的副业之路。

5.4.2 如何让 DeepSeek 总结案例成功经验

站在巨人的肩膀上能够看得更远。同样，通过分析和总结前人副业成功的案例，我们可以借鉴优秀经验，更好地实现自己的副业目标。在这一过程中，DeepSeek 能够发挥强大的作用，帮助我们总结副业案例中的成功经验。

使用 DeepSeek 的方式非常简单：只需将具体的副业成功案例导入，并输入指令“请帮我总结这个副业案例的成功经验”，DeepSeek 便会提炼出关键点。

如果我们希望了解法医秦明在写作副业中取得成功的经验，只需在 DeepSeek 中输入“请帮我总结法医秦明写作副业成功的经验”。DeepSeek 总结出秦明成功的核心在于“专业跨界 + 内容破圈”。他以职业为支点，将小众专业知识转化为大众文化产品。这一成功路径对于医生、律师、工程师等职业背景的创作者同样具有参考价值——关键在于挖掘自身领域的独特价值，找到专业知识与大众兴趣的结合点。最终生成结果如下图所示。

请帮我总结法医秦明写作副业成功的经验

已深度思考（用时 21 秒）

法医秦明（本名秦明）作为在职法医转型为畅销书作家，其写作副业的成功经验可以总结为以下几点，值得创作者和职场人借鉴：

---

1. 职业优势与专业壁垒

- **专业知识赋能内容：** 以法医职业为创作核心，将专业术语、真实案例转化为通俗易懂的悬疑故事，形成独特的行业视角和内容壁垒。
- **真实性与权威性：** 通过细节还原法医工作流程（如尸检、痕迹分析），增强作品的真实感和可信度，满足读者对刑侦领域的猎奇心理。

---

2. 精准定位市场需求

- **题材风口：** 抓住刑侦悬疑题材的热潮，结合法医职业的冷门性，填补市场空白。通过《尸语者》系列打造差异化 IP。
- **普世价值延伸：** 不局限于案件本身，融入对人性的探讨和对社会现实的反思（如网络暴力、家庭伦理），引发读者共鸣。

---

3. 跨界联动与 IP 运营

- **多平台开发：** 小说成功后迅速影视化（如《法医秦明》网剧），借助影视热度反哺图书销量，形成“内容—影视—IP”的良性循环。
- **个人品牌塑造：** 通过自媒体科普法医知识（如微博、短视频），强化“专业法

医 + 作家”的双重身份标签，扩大公众影响力。

4. 创作方法论

- **故事化表达**：将专业内容转化为强情节叙事，通过单元案件串联主线，兼顾知识性与娱乐性。
- **细节制胜**：用真实的工作场景（如解剖室、物证实验室）和法医术语（如“皮革样化”“生活反应”）构建沉浸感。
- **系列化开发**：围绕主角秦明打造系列作品，持续培养读者黏性，降低新书推广成本。

5. 副业与主业的平衡

- **时间管理**：利用业余时间写作（早期在值班间隙创作），在保持本职工作的同时高效输出。
- **资源复用**：将工作中积累的案例素材转化为创作灵感，既保护隐私又避免内容同质化。

6. 社会责任感驱动

- **科普价值**：通过小说和公开演讲普及法医学知识，破除大众对法医行业的误解（如“晦气”“血腥”）。
- **正向引导**：在案件中传递法治精神，强调“法医为生者权，为死者言”的职业信念，提升作品深度。

启示

秦明的成功本质是“专业跨界 + 内容破圈”：以职业为支点，将小众专业知识转化为大众文化产品。其路径可复用于医生、律师、工程师等职业背景的创作者——关键在于挖掘自身领域的独特价值，找到专业知识与大众兴趣的交汇点。

5.4.3 用 DeepSeek 分析副业失败的常见原因与规避策略

副业之路并非一帆风顺，有时也会遇到困难。许多人带着满腔热情和美好期望出发，却在途中碰壁。前人副业失败的案例并非毫无价值，它们犹如隐藏在暗处的警示灯，等待我们深入剖析，从中汲取宝贵经验，为后来者指明前进的方向。

通过分析和总结前人的失败案例，我们可以吸取教训，避开成功路上的障碍，更好地实现副业的成功。在这一过程中，DeepSeek 可以帮助我们分析副业失败的原因并提供规避策略。

我们只需将想要分析的具体副业失败案例导入 DeepSeek，并向其输入“请帮我总结这个副业案例的失败原因与规避策略”的指令，DeepSeek 便能帮助我们提炼出避免副业失败的方法。

常见的副业失败原因主要包括：缺乏市场调研和盲目跟风、时间与精力分配不合理、资金管理不善等。

DeepSeek 可以通过分析大量失败案例，总结出缺乏市场调研的具体表现和后果。同时，利用其数据分析能力，提供进行全面市场调研的方法，包括调研的内容、渠道和工具等，帮助我们避免盲目跟风，选择真正适合自己的副业项目。

DeepSeek 还可以根据不同职业和副业类型的特点，分析出合理的时间分配模式。例如，对于从事新媒体写作副业的上班族，DeepSeek 可以根据其主业工作强度和写作任务量，制定每周具体的写作、学习、推广等时间安排建议，帮助我们平衡主业与副业，确保副业能够持续发展。

DeepSeek 还能够分析资金管理不善的案例，总结出资金管理中的常见误区和正确方法。根据不同副业项目的特点，它可以为从业者制定资金预算模板，包括各项成本的预估、资金使用的优先顺序和比例等。这些功能可以帮助从业者更好地管理资金，确保副业的顺利运营。

通过对成功案例的深入总结以及对失败案例的细致分析，DeepSeek 能够为广大副业从业者提供全面而实用的经验借鉴和策略指导，助力他们在副业道路上少走弯路，实现自己的目标。

第六章

用 DeepSeek 突破社交困境

社交如同一张错综复杂的网络，将我们每个人紧密相连，但同时，这张网络也常常成为许多人的羁绊。在职场中，有人因不善言辞而在团队协作中被边缘化，错失展现自我的良机；在生活中，有人因在聚会场合局促不安，只能默默坐在角落，眼看他人谈笑风生，却难以融入其中；在网络世界里，本应轻松的屏幕交流，却因误解和沟通不畅而引发争执，使原本脆弱的线上关系更加紧张。社交困境就像一堵无形的墙，阻碍着我们与外界的顺畅连接。

我们渴望与他人建立深刻而真诚的联系，希望在社交舞台上自信从容地展现自我，并通过交流拓宽视野、丰富人生体验。然而，现实中，内心的焦虑与不安往往如影随形，使我们在社交的门槛前犹豫不前。传统的社交技巧培训——那些生硬、模板化的话术——不仅无法解决核心问题，有时甚至让我们在生搬硬套时更加尴尬，从而进一步加深我们对社交的恐惧与无助。

如今，DeepSeek 为破解社交困境带来了一线曙光。它并非单纯堆砌社交工具，而是基于前沿语言科技与深度心理学洞察的创新融合。DeepSeek 能够精准分析复杂的社交场景，从对方的言语细节、肢体动作、文化背景到性格特质，全方位解读沟通信号。当我们在社交场合中感到迷茫时，DeepSeek 犹如一位智慧的导师，悄然为我们提供恰如其分的沟通建议，使我们的言语更加贴合对方需求，让每一次交流都充满温度与真诚。

在面对社交冲突时，DeepSeek 同样能发挥关键作用。它能够迅速剖析矛盾根源，帮助我们以冷静、客观的态度做出回应，避免情绪化导致冲突升级，从而化干戈为玉帛。无论是修复破裂的友情，还是缓解职场中的紧张关系，DeepSeek 都能成为我们值得信赖的得力助手。

这不仅是一场社交技术的革新，更是对社交理念的深刻重塑。DeepSeek 鼓励我们摆脱表面的社交应酬，深入挖掘人际关系的内在价值，以更智慧、更高效的方式经营社交网络。在本章中，让我们共同踏上利用 DeepSeek 突破社交困境的旅程，在人际关系的迷局中找到属于自己的通途，拥抱更广阔、更温暖的社交世界，解锁人生的无限可能。

6.1 职场沟通与 DeepSeek 的智慧

在竞争激烈的职场环境中，有效的沟通能力是个人职业发展和企业成功的关键因素之一。然而，许多职场人士在沟通方面面临着各种挑战，例如自我介绍时的紧张与不适、与领导和同事沟通时效率低下，以及在商务合作中遇到的交流难题等。如今，借助 DeepSeek，我们能够有效解决这些职场沟通问题，提升沟通能力，从而实现更好的职业发展。

6.1.1 借助 DeepSeek 快速生成自我介绍

自我介绍是职场人士在求职、面试、新项目启动等场合中不可或缺的环节。一个优秀的自我介绍能够迅速展现个人优势与特点，为我们在职场中赢得更多机会。然而，许多人在进行自我介绍时常常会因紧张而表述不清，或因内容空洞而无法有效传达信息。对此，DeepSeek 可以帮助我们快速生成一份精彩且有针对性的自我介绍，从而使表达更自信、内容更有吸引力。

我们只需将基本情况、工作经历、技能特长等个人信息导入 DeepSeek，并向 DeepSeek 输入“请根据我的个人情况，生成一份职场自我介绍”的指令，DeepSeek 便能迅速为我们生成所需的内容。此外，我们可以根据不同的场景，给 DeepSeek 添加不同的指令。例如，在求职面试时，我们可以告诉 DeepSeek 我们正在应聘的职位和公司，它会根据该职位的要求和该公司的文化，为我们生成一份突出职位匹配度的自我介绍，使我们在众多求职者中脱颖而出。

如果我们已经拟好一份自我介绍，也可以通过 DeepSeek 对其进行优化和润色。只需将自我介绍文档导入 DeepSeek，并输入“请帮我分析这份自我介绍的问题并进行优化”的指令，DeepSeek 便能分析这份自我介绍的语言表达是否清晰流畅，内容逻辑是否严谨，并给出相应的修改建议。

6.1.2 如何利用 DeepSeek 提升与领导和同事的沟通效率

在职场中，与领导和同事进行良好的沟通对于工作的顺利开展至关重要。然而，沟通方式不当、信息传递不准确等原因，常常会导致工作效率低下、团队协作不畅等问题。为此，DeepSeek 可以帮助我们提升与领导和同事的沟通效率，促进团队合作。

在向领导汇报工作时，我们应学会清晰、简洁地呈现工作成果、存在的问题及相应的解决方案。DeepSeek 是一款能够帮助职场人士整理汇报思路的工具。只需将具体的工作内容和成果信息输入 DeepSeek，并给出指令，例如“请根据以上工作情况，整理汇报思路”，DeepSeek 便可将这些内容梳理成一份逻辑严谨的汇报大纲。大纲会按照重要性和时间顺序排列各项工作内容，突出工作重点、成果以及关键问题，同时还会提供一些建议性的表述方式，使汇报语言更加专业和得体。

此外，当领导的指示较为模糊时，我们也可以借助 DeepSeek 进行分析。只需将领导的言辞及对话背景输入 DeepSeek，并给出指令，例如“请帮我分析领导的真实想法”，DeepSeek 便可通过语义分析等技术，解读领导话语背后的真实意图。

当与同事发生意见分歧时，DeepSeek 能够为我们提供客观的沟通建议。我们只需将冲突的具体情况描述给 DeepSeek，它便会从沟通技巧和情绪管理等角度提出应对策略。例如，如果因对工作方法的不同看法而产生分歧，DeepSeek 可能建议我们先倾听对方的观点，并以以下方式表达自己的立场：“我理解你提出的方法有其合理性，例如 ××（具体合理之处）。同时，我也想分享一下我的想法，××（阐述自己的方法及优势）。我们是否可以综合考虑，找到一个更优的方案？”这种沟通方式有助于缓和气氛，促进双方理性交流，从而最终达成共识。

6.1.3 在商务合作中，DeepSeek 如何帮我们分析并解决沟通难点

商务合作是企业发展的关键环节。在商务合作中，由于合作双方的文化背景、商业习惯和利益诉求存在差异，常常会出现沟通不畅和合作受阻的问题。DeepSeek 可以帮助我们分析并解决商务合作中的沟通难点，促进合作的顺利进行。

在与合作方初次接触时，准确把握对方的需求是合作成功的关键。我们可以通过 DeepSeek 分析合作方的需求，以更好地实现沟通。

在分析一家寻求技术合作的企业的资料时，我们可以将合作方提供的非保密资料（如项目介绍、公司背景、过往合作案例等）导入 DeepSeek 进行深入分析。通过文本挖掘和数据分析技术，DeepSeek 能够提取出合作方的核心需求、关注点以及潜在期望。分析显示，该企业在介绍中多次提及对产品稳定性和技术更新速度的要求，同时关注合作成本。

基于这些分析结果，我们在沟通时可以更有针对性地强调自身技术在稳定性方面的优势，以及我们拥有快速响应市场变化的技术研发团队。同时，我们能够合理规划合作成本，以提高沟通的有效性和合作的成功率。

在商务谈判中，僵局时常发生。我们可以通过 DeepSeek 分析谈判过程中的对话内容，评估双方的态度和立场变化。当发现谈判陷入僵局时，DeepSeek 能够根据大量过往的谈判案例，提供打破僵局的策略建议。例如，如果此次僵局是

由于双方在价格条款上僵持不下，DeepSeek 可能建议引入一些增值服务作为价格调整的补偿，如提供额外的技术支持或延长产品保修期等，以改变谈判的焦点，为双方创造新的谈判空间。同时，DeepSeek 还能分析对方的语言风格和情绪状态，建议谈判人员调整沟通的语气和方式，避免因强硬态度导致谈判破裂。

6.2 商务场合的说话技巧与 DeepSeek

在广阔的商务领域，每一句话都如同精心雕琢的棋子，其落子之间影响着合作的走向。得体、巧妙的言辞能够打开机遇的大门，促成价值百万的订单；而稍有不慎的失言，则可能让辛苦建立的关系瞬间崩塌。

在商务谈判桌上，面对剑拔弩张的氛围，精准有力的表达可以直击对方需求的核心，化解僵局；在商务宴请时，恰到好处的祝酒词能烘托气氛，拉近彼此距离；面对客户突如其来的犀利提问，机敏流畅的回答能展现专业素养，稳固信任的根基。这些看似信手拈来的交流场景，其背后都蕴藏着技巧的积累。

以往，人们需要具备极高的语言天赋或经过长期的训练与积累，才能掌握高超的沟通技巧。而现在，只需借助 DeepSeek——商务人士的隐形“智囊团”，便能瞬间生成海量商务交流话术。从开场寒暄到深度谈判，从产品推介到售后沟通，DeepSeek 能够提供贴合场景的范例与灵感。无论是应对跨国商务中的文化差异，还是探讨新兴行业的前沿话题，DeepSeek 凭借其深厚的数据积累与强大的语境分析能力，总能给出精准适配的说话策略。

6.2.1 用 DeepSeek 定制商务场合的祝酒词

在商务宴请或庆祝活动等场合，祝酒词是营造氛围、表达情感以及加强合作的重要环节。然而，传统的祝酒词往往千篇一律，缺乏针对性与新意，难以给人留下深刻印象。借助 DeepSeek，我们可以根据不同的商务场景、对象和主题，定制独具特色的祝酒词。只需将祝酒词的具体场合信息导入 DeepSeek，并输入指令“请根据以上场合生成祝酒词”，DeepSeek 便能基于海量的语言数据和强大的语境理解能力，生成多种风格和长度的祝酒词供选择。

假设我们向 DeepSeek 输入以下指令：“请帮我生成一份祝酒词，场合是在与 ABC 公司签订年度合作协议的晚宴上。主题是向对方表达祝贺与感谢，同时展望未来合作的广阔前景。语气需热情、真诚且富有感染力，长度控制在 1 分钟左右。”DeepSeek 便会根据这一要求，生成一份符合场景需求的祝酒词，助力我们在正式场合中游刃有余。最终生成结果如下图所示。

请帮我生成一份祝酒词，场合是与 ABC 公司签订年度合作协议的晚宴上，主题是向对方表达祝贺与感谢，同时展望未来合作的广阔前景。语气需热情、真诚且富有感染力，长度控制在 1 分钟左右。

已深度思考（用时 14 秒）

以下是一份为签约晚宴设计的祝酒词模板，您可根据实际需求调整：

尊敬的【ABC 公司领导姓名】先生 / 女士、各位同仁、朋友们：

大家晚上好！

今夜星光璀璨，但比星光更闪耀的，是我们与 ABC 公司携手共进的坚定信念！首先，请允许我代表【我方公司名称】，向 ABC 公司致以最热烈的祝贺——祝贺我们年度合作协议的圆满达成！这份成果，既是对过往高效协作的肯定，更是未来征程的崭新起点！（掌声）

过去一年里，我们共同跨越挑战、共享创新成果，每一次突破都印证了“志合者，不以山海为远”。贵司专业务实的态度与追求卓越的精神，让我们深感钦佩；而双方团队“拧成一股绳”的默契，更让合作迸发出无限可能。在此，请接受我们最诚挚的感谢——感谢信任，感谢支持，感谢同行！（举杯示意）

展望未来，我们满怀信心！今天的签约不仅是纸上的约定，更是共同攀登行业高峰的誓言。期待我们以今日为舟，以创新为桨，在数字化浪潮中开拓新蓝海；以信任为纽带，以共赢为灯塔，让合作之树结出更丰硕的果实！

现在，我提议：为我们并肩奋斗的豪情，为双方事业的蒸蒸日上，为在座每一位朋友的健康与幸福——干杯！

使用说明：

1. **时长控制：**精简后约 280 字，正常语速 1 分 10 秒，可删减括号提示
2. **感染力技巧：**
   - **节奏感：**短句与排比句交替（如“以今日为舟，以创新为桨”）
   - **画面感：**用“星光”“灯塔”“蓝海”等意象营造氛围
   - **互动设计：**两次自然停顿引导掌声与举杯动作
3. **定制建议：**替换【　】内容，加入双方具体合作成果或行业关键词（如“绿色能源”“智能转型”）

并且，DeepSeek 能够根据不同的文化背景和行业特点，生成具有针对性的祝酒词。例如，在与海外合作伙伴交流时，它能够提供符合对方文化习俗和表达惯例的祝酒词，避免因文化差异引发误解或尴尬，从而更有效地促进双方的沟通与合作。

DeepSeek 还能够根据场合的正式程度和整体氛围，调整祝酒词的风格与语言表达。对于较为正式的商务晚宴，它可以生成庄重而典雅的祝酒词；而对于轻松愉快的团队聚餐，则能够生成幽默风趣、富有亲和力的祝酒词，使整个场合更加活跃与融洽。

此外，借助 DeepSeek 生成的祝酒词，还可以根据实际需求进行适当调整与修改，使其更贴合现场氛围和双方关系。

6.2.2 利用 DeepSeek 现场生成藏头诗，提升商务场合的氛围

藏头诗在商务场合中是一种独特且富有创意的表达方式，能够展现说话者的文化底蕴和机智幽默，为商务交流增添文化气息与趣味性。现场创作藏头诗对于大多数人而言并非易事，通常需要具备一定的文学素养和灵感。然而，有了 DeepSeek，我们可以在短短 1 分钟内轻松生成独具特色的藏头诗。

以商务拜访为例，在拜访一家名为“光明集团”的客户时，我们可以输入以下指令：“请帮我以‘光明集团’为句首生成一首藏头诗，内容要求体现对其企业的赞美和对合作的期待，语言要热情洋溢、富有感染力。”DeepSeek 仅需十几秒便能生成一首藏头诗：“光耀九州展宏图，明德弘业誉四方。集智创新领潮头，团结共赢谱华章。”当我们在拜访过程中向客户吟诵这首藏头诗时，不仅能够展现我们的诚意与用心，还能让客户感受到我们对其企业的高度认可与了解。这种表达方式有助于拉近彼此的距离，为后续的合作谈判营造良好的氛围。最终生成结果如下图所示。

请帮我以“光明集团”为句首生成一首藏头诗，内容要求体现对其企业的赞美和对合作的期待，语言要热情洋溢、富有感染力。

已深度思考（用时 16 秒）

光耀九州展宏图，
明德弘业誉四方。
集智创新领潮头，
团结共赢谱华章。

（注：每句首字连读为“光明集团”。诗中“光耀九州”展现企业影响力，“明德弘业”突出商誉根基，“集智创新”彰显核心竞争力，“团结共赢”既体现内部凝聚力又表达合作诚意，尾字“方、头、章”押 ang 韵，气势恢宏中见匠心布局。）

无论是正式的商务会议、轻松的商务聚会，还是重要的商务谈判，DeepSeek 都能为我们提供恰当的藏头诗创意，使我们在商务场合中脱颖而出，展现出独特的魅力与智慧。

6.2.3 借助 DeepSeek 在商务场合中巧妙对话

在商务谈判、商务会议等场合，巧妙应对对话是商务人士不可或缺的沟通技巧。能否准确把握对方意图，并做出得体、恰当且有助于推进商务进程的回应，直接关系到商务活动的成败。DeepSeek 能够成为商务人士的得力助手，帮助我们更精准地理解对方的意图，及时回应对方的核心关注点，确保沟通的流畅性与有效性，同时有效避免因言辞不当而引发的误解或冲突。

当对方提出某个观点或问题时，我们可以借助 DeepSeek 分析其底层逻辑和意图，并提供潜在的回应策略。例如，在商务谈判中，如果对方提出了一个对我方不利的条件，而我们希望巧妙回应并引导谈判方向，可以将对方的观点和我方立场输入 DeepSeek。该工具会基于大量商务谈判案例和语言模式，生成多种回应策略和措辞建议。

假设对方表示："我们希望你们能够在价格上再做出更大的让步，否则我们很难达成合作。"我们可以向 DeepSeek 输入以下内容："对方要求在价格上做出更大让步，请根据以下主题生成商务回应：我方希望保持合理的价格体系，同时强调产品优势和服务价值。回应需委婉但坚定，并维持友好的谈判氛围。"DeepSeek 随即生成以下回应建议："非常感谢贵方对合作的重视和关注。我们同样非常期待与贵方达成合作，实现互利共赢。在价格方面，我们一直致力于为客户提供最具性价比的产品和服务。我们的价格基于严格的成本核算和市场调研，同时充分反映了产品的高品质与独特价值。我们相信，选择我们的产品不仅是在选择高质量的商品，更是在选择一个值得信赖的合作伙伴。为了进一步满足贵方的需求，我们愿意在其他方面，如售后服务、交货时间等，做出更多努力和调整。希望我们能够共同找到一个令双方满意的解决方案，推动合作顺利进行。”

通过 DeepSeek 的建议，我们能够在维护自身立场的同时，以更专业、委婉且具有说服力的方式回应对方。这不仅有助于避免直接冲突和僵局，也为谈判创造了更加有利的条件。

通过 DeepSeek，我们能够在商务场合中更加灵活、巧妙地接话与回应，展现出我们的专业能力、沟通技巧和团队协作精神，为商务交流与合作的顺利进行提供有力支持。

6.3 公开演讲与 DeepSeek 的助力

公开演讲早已从单纯的口才展示演变为关乎个人与职业发展的核心技能。无论是站在商务谈判桌前，通过清晰阐述方案打动合作伙伴；还是身处学术讲坛，通过精彩演讲传播前沿研究成果；抑或是在社交聚会中，用生动表达吸引众人目光，一场出色的公开演讲都如同一把钥匙，能为我们打开通往成功与机遇的大门。它不仅是传递信息的桥梁，更是展现个人魅力、树立权威形象、引发情感共鸣的强大工具。

然而，打造一场令人难忘的演讲并非易事。从最初主题的精准定位，到海量资料的筛选整合，再到演讲框架的精心设计以及模拟演练的反复打磨，每个环节都充满挑战，需要投入大量的时间与精力。现在，通过 DeepSeek，当众演讲不再是令人望而却步的艰难任务，而是充满无限可能与惊喜的探索之旅。

6.3.1 如何用 DeepSeek 准备一场精彩的公开演讲

准备一场演讲的第一步是明确演讲的主题和目标。过于宽泛的主题可能导致演讲缺乏重心和主线，使听众在聆听过程中容易分神或失去兴趣。为了解决这一问题，DeepSeek 凭借其强大的搜索与分析功能，可以帮助我们梳理与主题相关的大量信息。例如，当我们选择了一个较为宽泛的主题，如“可持续发展在城市规划中的应用”，DeepSeek 能够迅速检索出全球范围内的相关案例、最新研究成果以及政策动态。通过对这些信息的深入分析，演讲者可以进一步明确此次演讲的核心观点，并清晰界定希望听众在演讲结束后获得的知识或采取的行动，从而精准设定演讲目标。

准备演讲的第二步是资料搜集，这也是演讲准备过程中较为耗时费力的环节。然而，有了 DeepSeek 的帮助后，它可以根据我们设定的关键词，在学术数据库、新闻网站、专业论坛等各类平台上进行深度挖掘，从而大大提高资料搜集的效率。例如，在准备关于“人工智能在医疗领域的突破”的演讲时，DeepSeek 能够迅速找到顶尖医学期刊上发表的最新研究论文，以及各大医疗科技公司发布的产品资讯和实际应用案例。在资料整理方面，DeepSeek 还可以将搜集到的信息自动分类归纳，形成逻辑清晰的资料框架，方便演讲者进一步整合和提炼。

准备演讲的最后一步是通过 DeepSeek 生成我们的演讲稿。我们只需将准备好的主题、资料、个人观点以及内容思路导入 DeepSeek，并输入“请根据以上信息，帮我生成一份演讲稿”，DeepSeek 便能够生成初步的演讲框架，包括引言、主体内容的各个要点以及结论部分的大致安排。我们可以在此基础上进行调整和完善，快速拟出一个逻辑严谨、层次分明的演讲稿。

6.3.2 利用 DeepSeek 优化演讲内容，让表达更生动

当我们拟定初步的演讲稿后，还可以借助 DeepSeek 从丰富语言表达、增加幽默元素、安排互动环节等方面进行优化，使演讲效果更加出色。

生动、准确的语言是吸引听众的有力武器。DeepSeek 拥有庞大的语言知识库，能够为演讲者提供丰富多样的词汇和表达方式。我们可以将演讲稿导入 DeepSeek，让其根据我们想要的演讲风格进行语言润色，丰富语言表达。

幽默是演讲中非常重要的元素，它能吸引听众的注意力，让听众更加专注于演讲过程，还能轻松创造名场面，达到宣传效果。我们可以让 DeepSeek 根据演讲的内容和场合，提供一些幽默的故事、笑话和段子，选择合适的幽默元素加入演讲中。

假如我们正在准备一场主题为海洋环保的公开演讲，并希望在演讲中加入与海洋环保相关的笑话，我们只需向 DeepSeek 输入“请帮我生成一个与海洋环保有关的笑话”的指令，DeepSeek 就能迅速生成我们所需的内容。最终生成结果如下图所示。

请帮我生成一个与海洋环保有关的笑话

已深度思考（用时 23 秒）

贝壳去看病，海洋医生海星把了把脉说：

“你这是长期‘咳’垃圾综合征啊！”

贝壳虚弱道：“人类总往海里扔瓶子，我蚌埠住了……”

海星叹气：“建议转院去‘垃圾分类科’，记得带个‘壳循环’病历本！”

（谐音梗：咳→“壳”；蚌埠→“绷不住”；壳循环→“可循环”）

又冷又扎心，但求人类手下留情！

与听众互动是演讲中非常重要的一环。互动可以增加听众的参与感，提高他们对演讲内容的兴趣，而不是仅仅让演讲者在台上单调地背诵演讲稿。我们可以向 DeepSeek 询问一些与听众互动的方法和技巧，例如输入“我正在准备关于 ×× 的公开演讲，请帮我提供一些与听众互动的方法和技巧”。DeepSeek 将根据我们的要求生成相关的互动建议。

6.3.3 DeepSeek 帮助我们应对演讲中的突发问题

在演讲过程中，我们可能会遭遇突发情况，例如听众的刁难提问或技术设备的故障。在这种紧急而紧张的情境下，有些人可能难以及时想到有效的解决方案，而此时，DeepSeek 可以作为强大的演讲后勤保障工具，帮助我们从容应对这些问题。例如，当听众提出一个复杂且超出我们准备范围的问题时，我们可以利用 DeepSeek 的搜索功能，快速查找相关信息和答案，从而为听众提供令人满意的回应。再如，当演讲设备突然出现故障，需要我们临时控场时，可以借助 DeepSeek 迅速生成应急演讲内容，确保演讲能够顺利进行。

此外，在演讲过程中，我们可能需要根据实际情况或突发事件调整演讲内容。有了 DeepSeek 的助力，我们能够确保调整过程高效且准确。例如，当听众对某个话题表现出浓厚的兴趣时，我们可以使用 DeepSeek 查找更多相关信息，进一步丰富演讲内容的深度和广度。又如，在演讲过程中，如果有突发新闻事件需要更换演讲稿，我们可以通过 DeepSeek 快速更新信息并修改稿件，从而避免向听众传递错误信息。

DeepSeek 在我们的公众演讲中能提供诸多帮助——从准备演讲稿到优化演讲内容，再到应对演讲中的突发问题，DeepSeek 都能发挥重要作用。通过合理利用 DeepSeek，我们不仅能够提高演讲水平，还能让演讲更加引人入胜。

6.4 社交场合中的 DeepSeek 应用

在社交领域，DeepSeek 同样为我们在社交场合带来了全新的体验和机遇。它能够帮助我们提升自我介绍的效果、洞察交流中的“潜台词”，并快速找到共同话题，从而让我们在社交中更加游刃有余，建立更优质的人际关系。

6.4.1 用 DeepSeek 提升社交场合的自我介绍效果

自我介绍是社交场合的开场白，如同一张名片，能在短时间内为他人留下第一印象。一个出色的自我介绍不仅能够迅速吸引他人的注意力，还能激发对方进一步交流的兴趣。借助 DeepSeek，我们可以设计出更具吸引力和个性化的自我介绍内容。

我们可以利用 DeepSeek 生成一个自我介绍框架。只需向 DeepSeek 输入指令“请帮我生成一个自我介绍框架”，它便能根据不同的社交场景（如商务聚会、朋友聚会、学术交流等）提供最佳的自我介绍模板。

程序员小鸣正在相亲，需要向相亲对象介绍自己。他只需向 DeepSeek 输入“我是程序员小鸣，正在相亲，请帮我生成一个自我介绍框架，要求风格有趣，能让女生感兴趣”，DeepSeek 就能迅速为他生成一个合适的模板。最终生成的结果如下图所示（因内容过长，仅截取部分展示）。

我是程序员小鸣，正在相亲，请帮我生成一个自我介绍框架，要求风格有趣，能让女生感兴趣。

已深度思考（用时 18 秒）

好的！以下是为你量身定制的程序员相亲自我介绍框架，有趣度 +999，附带隐藏代码彩蛋哦 ↓

【开场暴击】

"你好，我是小鸣

一个会写代码的野生段子手

拥有 1024 小时不冷场被动技能

目前正在参与人类高质量男性 Beta 测试版"

【职业梗王】

"我的日常是：

左手给老板 debug（不是抓虫子）

右手和产品经理 battle 需求合理性（简称吵架）

最近在研究如何用 Python 给未来女朋友写自动早安程序

不过产品经理说这个需求优先级太低（摔键盘）"

如果我们已经准备好一份自我介绍初稿，也可以借助 DeepSeek 进行优化。DeepSeek 能帮助我们挖掘自身亮点，只需向它详细描述自己的经历、技能、兴趣爱好等信息，它便能凭借强大的分析能力，从海量数据中提取出独特且吸引人的关键元素。

小鸣业余时间喜欢打麻将，并且熟悉各种麻将打法。虽然他可能未意识到这一技能的独特价值，但 DeepSeek 能通过分析对比各类案例，指出会打麻将在社交中的闪光点。比如，当大家打麻将时三缺一，便可能想到邀请小鸣加入聚会等。

通过突出这些亮点，我们能让自我介绍更具吸引力，使其充分发挥作用，从而给他人留下深刻的印象。

在实际应用中，我们可以提前与 DeepSeek 进行模拟对话，不断完善自我介绍的内容，然后在社交场合中自信地展现自己。通过精心准备的自我介绍，可以开启良好的社交互动。

6.4.2 DeepSeek 帮我们读懂社交场合中的“潜台词”

社交场合中的交流有时并非表面那么简单，很多时候人们的真实意图隐藏在话语背后，也就是所谓的“潜台词”。能否准确理解这些潜台词，对我们的社交表现有着重要影响。在这方面，DeepSeek 可以成为我们的分析助手，帮助我们理解对话背后的用意。

DeepSeek 能够通过对语言的深度分析解读潜台词，识别词汇的隐含意义、语气中的微妙变化以及语句之间的逻辑关系，从而帮助我们更精准地理解对方的真实意图。

当某位客户说“这个方案看起来不错，不过我还需要再考虑一下”时，表面上是在表达需要时间进一步评估方案，但 DeepSeek 通过分析这一常见表达模式，可能会提示我们，对方实际上对方案存在一定的疑虑，只是未明确表达。这种解读可以帮助我们提前做好应对准备，在后续沟通中主动询问对方的具体顾虑，以展现我们的关心与专业性。

在日常生活中，如果我们希望提升自己解读潜台词的能力，可以尝试在社交场合中记录对话内容，并借助 DeepSeek 进行分析。通过反复学习其解读结果，我们的潜台词理解能力也会逐步提高，从而在社交互动中更加敏锐、准确地把握他人的真实想法。

6.4.3 如何用 DeepSeek 快速找到社交场合中的共同话题

在社交场合中，找到共同话题是展开愉快交流、快速拉近彼此距离的有效方法。我们可以借助 DeepSeek 来快速锁定适合的共同话题。

DeepSeek 能结合社交场合的特点和当前热点，为用户生成话题建议。由于不同的社交场合具有不同的氛围和主题，同时社会热点事件也不断吸引人们的关注，因此我们可以将所处场合的特点和当前热点输入 DeepSeek，让它综合考虑这些因素，为我们提供契合场景的话题建议。

在一个时尚主题活动中，DeepSeek 可能会建议我们围绕当季流行趋势、知名设计师的最新作品，或时尚界的热点争议展开交流；如果恰逢某个重大体育赛事，DeepSeek 则可能推荐与赛事相关的精彩瞬间、明星运动员的表现等话题。通过这些建议，我们能够轻松融入社交氛围，与他人迅速建立起交流的桥梁。

我们可以通过 DeepSeek 挖掘与具体社交对象的潜在共同话题。将对方的已知信息，如职业、兴趣爱好、教育背景等输入 DeepSeek，系统能够通过对大量数据的分析，找到与这些信息相关的热门话题和讨论点。例如，如果得知对方是一名教师，DeepSeek 可能会推荐当前教育领域的热门改革政策、有趣的教学方法创新案例，或与教师职业相关的知名影视作品等，作为共同话题的切入点。这些话题既与对方的职业密切相关，又具备一定的普遍性和讨论价值，从而更容易引发对方的兴趣与参与热情。

DeepSeek 在社交场合的应用为我们带来了诸多便利和优势。无论是提升自我介绍的效果、理解潜台词，还是快速找到共同话题，它都能发挥重要作用。然而，我们也需要认识到，人工智能仅仅是一种辅助工具。真正的社交能力依然需要我们在实践中不断锻炼和提升。合理利用 DeepSeek，可以让它成为我们社交中的得力助手，帮助我们在各种场合展现更好的自己，从而建立更加丰富多彩的人际关系。

第七章

用 DeepSeek 助力家庭生活

在生命的旅程中，家庭始终是温暖的港湾，承载着爱与关怀，记录着生活的点滴。家庭生活不仅是情感的寄托，更是塑造性格与价值观的重要场所。在这个充满挑战与机遇的时代，DeepSeek 正悄然为家庭生活带来全新的变革与可能。

作为人工智能领域的佼佼者，DeepSeek 不只局限于专业的科研或商业领域，而是逐步走进千家万户，为家庭生活的方方面面注入新的活力。

DeepSeek 能够提供合理的资产配置建议，帮助我们进行理财规划，助力家庭财富稳步增长，为家庭的未来筑牢经济基础。它还可以成为家庭的时间管理专家，根据家庭成员的日程安排，如工作时间、学习任务、社交活动等，智能规划每天的时间分配。在打造健康生活方式方面，DeepSeek 同样表现出色，为家庭成员制定个性化的健康计划，包括饮食建议和运动方案。

心理问题在家庭生活中不容忽视，它与家庭成员的情绪、关系以及生活质量息息相关。DeepSeek 能够提供专业的心理疏导建议，引导家庭成员正确面对和解决心理困扰，营造积极健康的家庭心理氛围。情感与婚姻问题是维系家庭和谐的关键，DeepSeek 可以从理性的角度分析家庭成员之间的情感互动模式，为夫妻关系和亲子关系等提供改善建议，帮助我们掌握沟通技巧，促进家庭关系更加融洽。

在本章中，我们将深入探讨 DeepSeek 在家庭生活各个场景中的具体应用，以及它如何帮助我们提升家庭生活质量，让每一个家庭都能享受到人工智能带来的幸福与便利。

7.1 用 DeepSeek 进行理财规划

在当今社会，家庭财务规划的复杂性日益增加，涉及收入、支出、储蓄、投资、债务等多个方面。学会使用 DeepSeek 进行家庭理财规划，我们就拥有了一位《富爸爸，穷爸爸》中的“富爸爸”，能够帮助我们提前应对风险，制定个性化的财务规划方案，为我们的家庭资产增值保驾护航。

7.1.1 DeepSeek 在财务规划中的角色与功能

DeepSeek 能够对家庭财务状况进行数据整合与深度分析。家庭财务状况涵盖多个方面，从日常收支流水，到各类资产明细，如房产、车辆、储蓄、投资产品等，再到负债情况，如房贷、车贷、信用卡欠款等，内容繁多、种类多样。DeepSeek 可以整合来自不同银行账户、支付平台、投资机构的数据，通过先进的算法对海量数据进行深度挖掘和分析，清晰呈现家庭财务的现状，并找出规律和趋势。例如，它可以分析过去几年家庭每月的支出变化，精准识别出哪些月份支出较高以及支出较大的项目，为后续合理规划预算提供有力依据。

DeepSeek 能够帮助家庭设定财务目标并制定规划方案。每个家庭的理财目标各不相同，有些家庭希望为子女储备教育资金，有些家庭追求舒适的养老生活，还有些家庭计划购置房产等大额资产。通过将家庭的具体情况输入 DeepSeek，系统能够基于这些信息，制定出详细且个性化的财务规划方案。

例如，对于一个计划在 5 年内购买一套价值 200 万元房产的家庭，DeepSeek

会结合其当前的储蓄状况、每月可用于储蓄和投资的金额，制定出合理的资金积累路径。该方案可能包括每月需要储蓄的金额、适合的投资产品以及预期的收益率等内容。

此外，DeepSeek 还能够根据最新政策动态对家庭财务规划进行实时调整。金融市场瞬息万变，利率波动、股票涨跌、基金净值变化等因素都可能对家庭的理财计划产生影响。一旦市场发生重大变化，可以将相关信息输入 DeepSeek，系统会迅速评估其对家庭财务规划的影响，并及时调整策略。例如，当央行宣布降息时，DeepSeek 会分析该政策对不同投资产品的影响，如债券价格可能上涨、储蓄收益可能下降等，从而建议家庭适时调整投资组合。

7.1.2 智能理财建议：资产配置与风险控制

合理的资产配置是实现家庭财富稳健增长的关键。DeepSeek 将根据家庭的风险偏好和财务目标，制定多元化的资产配置方案。只需输入家庭资产的核心信息，如家庭成员数量、居住城市、年收入、月支出、现有资产、负债状况、财务目标以及风险偏好，DeepSeek 即可提供与家庭实际情况相匹配的资产配置建议。

小玲正在为家庭制定资产配置方案，家庭情况如下：家庭成员包括夫妻（35 岁和 32 岁）及儿子（5 岁），双方均在职。居住城市为上海，年收入税后约 80 万元（工资收入 70 万元，加上理财收益 10 万元）。每月支出包括房贷 1.5 万元、生活费用 1 万元和教育费用 0.5 万元。现有资产包括存款 50 万元、股票 20 万元，以及市值 600 万元的自住房（剩余贷款 200 万元）。负债仅限于房贷。财务目标为 5 年内换房（目标首付 300 万元）和 15 年后为孩子准备留学基金（目标 150 万元）。风险偏好为中等。只需将以上信息导入 DeepSeek，并输入指令“请帮我的家庭进行资产配置规划”，DeepSeek 便能迅速给出相关建议。最终生成结果如下图所示（因内容过长，仅截取部分展示）。

家庭人口：夫妻（35 岁 +32 岁）+ 儿子（5 岁），双方在职，居住城市：上海，年收入：税后约 80 万元（工资 70 万 + 理财 10 万），月支出：房贷 1.5 万 + 生活 1 万 + 教育 0.5 万，现有资产：存款 50 万，股票 20 万，自住房市值 600 万（贷款剩余 200 万），负债：仅房贷，财务目标：5 年内换房（目标首付 300 万），15 年后孩子留学基金（目标 150 万），风险偏好：中等风险。请帮我的家庭进行资产配置规划

已深度思考（用时 79 秒）

家庭财务现状分析

基础数据

- 年收入：税后 80 万元（工资 70 万 + 理财 10 万）
- 月支出：3 万元（房贷 1.5 万 + 生活 1 万 + 教育 0.5 万）
- 年结余：80 万－ 36 万（3 万 ×12）= **44 万元**
- 现有资产：
  - 流动性资产：存款 50 万 + 股票 20 万 = **70 万**
  - 固定资产：自住房市值 600 万（贷款剩余 200 万，净值 400 万）

我们需要注意，风险与收益始终相伴而生。在进行理财规划时，必须有效控制风险。DeepSeek 能够对家庭投资的各类资产进行全面的风险评估，从市场风险、信用风险、流动性风险等多个维度分析投资产品的风险程度。当投资组合的风险指标超过预警线时，DeepSeek 会及时发出警示，并提供相应的风险控制措施建议，以帮助家庭更好地规避潜在风险。

7.1.3 分析消费习惯，实现财富自由

家庭的消费习惯对财务状况有着深远的影响。DeepSeek 能够通过分析家庭日常消费数据，洞察家庭成员的消费行为模式。它可以区分必要消费和非必要消费，例如食品、水电费、房租等属于必要消费，而奢侈品购买和冲动消费则属于

非必要消费。

此外，通过分析消费时间、消费地点、消费金额等数据，DeepSeek 还能发现一些隐藏的消费习惯。例如，它可能会发现家庭成员在每月的特定时间段有较高的餐饮消费，这可能是由于这段时间有较多的社交活动，需要评估这些社交活动是否值得投入；或者发现某个家庭成员经常在网上购买一些价格不高但实用性不强的小物件，日积月累也形成了一笔不小的开支。

基于对消费行为的深入洞察，DeepSeek 能够为家庭提供针对性的消费优化建议。在必要消费方面，它通过比较不同供应商的价格，寻找降低成本的方法，例如推荐性价比更高的电话套餐或网络服务供应商等；在非必要消费方面，它帮助家庭成员树立理性消费观念，提供延迟消费或替代消费的建议。例如，如果发现家庭成员经常在外就餐，导致开支过高且恩格尔系数偏高，DeepSeek 可能会推荐一些在家制作美食的食谱和烹饪技巧，从而既满足美食需求，又节省开支。

从财务规划的制定到资产配置与风险控制，再到消费习惯的分析与优化，DeepSeek 为家庭实现财富增长和财务自由提供了全方位、智能化的支持，使专业的家庭理财变得触手可及。

7.2 用 DeepSeek 实现高效时间管理

在快节奏的现代社会，时间管理的重要性愈发凸显。DeepSeek 能够帮助我们合理分配时间，在工作、休闲和家庭之间找到平衡，有效缓解压力与疲劳。在有限的 24 小时内，它能让我们完成更多有意义的事情，从而提升生活效率，享受充实且富有活力的生活。

7.2.1 DeepSeek 助力时间规划，提升生活效率

时间规划就像一幅清晰的地图，指引我们在人生道路上前行。通过智能化的算法，DeepSeek 能够帮助我们制定科学而合理的时间规划。只需将每天在工作、学习、娱乐、社交等各方面的时间数据导入 DeepSeek，系统便会生成精准的统计分析，让我们直观地了解自己的时间分配模式。借此，我们可以发现哪些活动占用了过多时间，哪些时间被浪费在了无意义的事情上。基于对时间数据的分析，DeepSeek 还能够提供个性化的时间规划建议。

DeepSeek 发现，小苏每天在社交媒体上花费了大量时间。为此，它可能会建议设定一个固定的时间段用于浏览社交媒体，例如每天晚上 9 点到 10 点，其余时间则专注于更重要的任务。

此外，DeepSeek 还能够根据用户设定的目标（如在三个月内学会初级日语），制订详细的任务分解计划，并合理安排每个任务的时间节点。例如，如果小苏

计划在三个月内用日语进行日常交流，DeepSeek 会将学习过程细化为多个模块，包括词汇积累、语法学习、听力训练和口语练习等。然后，根据小苏每天可支配的时间，DeepSeek 会制定出具体的每日学习任务和时间安排。这样一来，整个计划的执行更加有条不紊，有助于大幅提升生活效率。

7.2.2 平衡工作、休闲与家庭时间，享受充实生活

在生活中，工作、休闲与家庭是三个重要的组成部分。如何平衡这三者之间的时间分配，是实现高效时间管理的关键。有了 DeepSeek，这些问题将不再棘手。

在工作时间管理方面，DeepSeek 可以根据任务的优先级和紧急程度进行排序。只需将任务输入 DeepSeek 并标注其重要性和截止日期，它便能为我们制定出合理的工作时间安排。

在休闲时间管理上，DeepSeek 能够根据个人兴趣爱好推荐适合的休闲活动，并合理规划休闲时间。例如，如果您喜欢运动，DeepSeek 可以根据您的工作和家庭时间安排每周几次、每次多长时间的运动计划，使您在繁忙的工作之余，拥有足够的时间放松身心，享受运动带来的快乐。

在家庭活动时间方面，DeepSeek 还可以帮助协调家庭成员之间的日程安排。您可以将家庭成员的重要活动和日程输入 DeepSeek，它将帮助您找到大家都有空的时间，以便安排家庭聚会、亲子活动等。通过合理规划，您可以在工作之外充分享受与家人相处的温馨时光，提升幸福感。

7.2.3 应对压力与疲劳的策略：保持精力充沛

在追求高效时间管理的过程中，压力和疲劳是不可避免的挑战。为此，DeepSeek 提供了一些有效的应对策略，通过科学的时间规划帮助我们避免过度劳累。当任务安排过于紧凑时，DeepSeek 会发出提醒，建议适当调整计划并增

加休息时间。例如，当我们连续安排了数小时的高强度工作任务时，DeepSeek 会提示在中间插入 15 ～ 30 分钟的休息时间，以便活动身体、放松大脑，从而恢复精力。

DeepSeek 还能够为我们提供有效的缓解压力方法。根据个人喜好，它可以推荐放松的音乐、冥想课程或减压小游戏。当我们感到压力过大时，可以按照 DeepSeek 的建议，聆听几首舒缓的音乐，或者进行 10 分钟的冥想练习，这些都能有效帮助缓解紧张情绪，释放压力。通过这些方式，我们能够保持良好的身心状态，在高效管理时间的同时始终保持充沛的精力。

DeepSeek 为实现高效时间管理提供了全方位的支持。从助力时间规划、提升生活效率，到平衡工作、休闲与家庭，再到应对压力与疲劳，它都发挥着重要作用。只要我们善于利用 DeepSeek 这样的工具，并结合科学的方法，就一定能够更好地掌控自己的时间，实现更加充实、高效的生活。

7.3 用 DeepSeek 打造健康生活方式

在现代社会，健康生活方式的重要性日益凸显。DeepSeek 能够深度分析我们的生活习惯和身体状况，为我们量身定制科学合理的饮食建议、运动方案以及心理调适策略。它如同一位 24 小时在线的健康顾问，时刻守护着我们的身心健康，帮助我们远离亚健康状态，拥抱充满活力的每一天。

7.3.1 健康饮食：DeepSeek 如何帮助我们制订科学的饮食计划

健康饮食是健康生活方式的基石，而 DeepSeek 在制订科学饮食计划方面展现出了卓越的能力。用户只需输入个人健康信息，例如年龄、性别、身高、体重、基础疾病以及日常活动量等数据，DeepSeek 即可精确计算出每日所需的热量、蛋白质、碳水化合物、脂肪，以及各种维生素和矿物质的摄入量，从而为用户量身定制个性化饮食计划。

小芳是一名 30 岁的女性，身高 165 厘米，体重 60 千克，从事轻度办公室工作。通过分析，DeepSeek 建议她每天摄入约 1800 千卡的热量，其中蛋白质应占 15%～20%，碳水化合物占 50%～65%，脂肪占 20%～30%。在具体食物推荐方面，DeepSeek 会根据这些营养需求，并结合用户的饮食偏好和地域饮食习惯，生成详细的食谱。例如，如果用户偏好素食，DeepSeek 会推荐富含蛋白质的豆类制品、新鲜蔬菜以及全谷物食品，如豆腐、西兰花、燕麦片等，并合理搭配这些食材，确保每餐营养均衡。

7.3.2 运动健身：DeepSeek 如何为我们提供个性化的健身建议

运动健身对于维持身体健康和良好的体态至关重要。DeepSeek 能够根据我们的身体状况和运动目标，制订专属的运动计划。我们只需输入个人信息，如年龄、体重、体脂率等，以及运动目标，如减肥、增肌、增强体质等，DeepSeek 便能确定重点，规划训练内容，并提供个性化的训练建议。

小康是一位希望增肌的大学生，DeepSeek 可能会为他制定每周三次的力量训练计划。每次训练包括卧推 3 组，每组 8 ～ 12 次；哑铃肩推 3 组，每组 8 ～ 12 次等。同时，DeepSeek 还会考虑用户的运动经验和身体限制。对于运动新手，它会从较为基础、低强度的动作开始，避免因过度训练导致受伤。

此外，DeepSeek 还能提供运动技巧和动作规范指导。我们只需向 DeepSeek 提问想了解的运动方式，它便会通过强大的搜索功能和数据库，快速为我们找到相关资料。

7.3.3 生活作息：DeepSeek 如何帮助我们调整作息，保持健康

良好的生活作息是健康生活方式的重要保障。DeepSeek 可以通过多种方式帮助我们调整作息。只需导入我们的个人信息，DeepSeek 便能根据人体生物钟和睡眠科学原理，为我们制定合理的作息时间表。例如，对于大多数成年人，DeepSeek 可能会建议晚上 11 点前入睡，早上 7 点左右起床，并在中午进行

20～30分钟的午休，以帮助身体得到充分的休息和恢复。

在健康饮食、运动健身和生活作息方面，DeepSeek为我们打造健康的生活方式提供了全面且细致的支持。通过利用DeepSeek的功能，我们能够更加科学、高效地管理自己的生活，逐步养成健康的生活习惯，迈向更加健康、美好的生活。

7.4 用 DeepSeek 发现与解决心理问题

在现代社会，心理问题的普遍性日益凸显，成为影响个人幸福和社会和谐的重要因素。DeepSeek 能够帮助我们识别和缓解潜在的心理问题，为发现和解决心理问题提供了全新的思路和方法，并辅助我们培养积极的心态来应对生活中的挑战。

7.4.1 用 DeepSeek 识别心理问题

DeepSeek 拥有丰富的专业心理测评量表库，涵盖了常见的焦虑自评量表、抑郁自评量表、压力量表等心理测评工具。我们只需在 DeepSeek 上搜索并完成相应的测评问卷，DeepSeek 便能快速、准确地分析测评结果，并依据得分情况判断我们是否可能存在焦虑、抑郁等心理问题，以及这些问题的严重程度。这种方式能够让我们对自己的心理状态有一个初步且量化的了解，为后续可能的干预措施提供参考依据。

此外，如果我们察觉到自己或亲友可能存在一些心理问题的躯体化表现，例如失眠、四肢乏力、恶心呕吐、食欲减退、关节疼痛等情况，可以将自身的情绪感受和这些躯体化表现输入 DeepSeek。通过分析，DeepSeek 可以帮助判断存在潜在的心理问题的严重程度。

7.4.2 用 DeepSeek 缓解心理问题

在识别出可能存在心理问题后，首先应前往正规医院接受专业检查，寻求医生的帮助，以判断心理问题的严重程度。对于较轻的心理问题，DeepSeek 能够提供多种有效的缓解途径。它会从庞大的心理治疗资源库中筛选出适合的治疗方法和建议。例如，对于轻度焦虑症，DeepSeek 可以推荐一系列放松训练，如深呼吸练习、渐进性肌肉放松训练等，并提供详细的指导音频和视频，方便我们在家中进行练习。

可以利用 DeepSeek 的角色对话功能，让其模拟专业心理咨询师的角色。只需向 DeepSeek 输入指令“请扮演一名专业的心理咨询师与我对话，缓解我的心理问题”，DeepSeek 便会调用数据库中的专业心理学知识，在对话中深入了解我们的心理困扰，并给予针对性的回应和建议。这种虚拟对话服务不受时间和空间的限制，使我们能够在任何需要的时候与 DeepSeek 交流，获得及时的心理慰藉。

此外，DeepSeek 还可以根据我们的心理状态和个人喜好，推荐特定的舒缓音乐。特定的音乐频率和节奏能够调节人体神经系统，缓解焦虑和紧张情绪。通过这些资源，DeepSeek 能帮助我们在日常生活中自我调节心理状态，逐步缓解心理问题带来的不适。

7.4.3 用 DeepSeek 培养积极心态

除了识别和缓解心理问题，DeepSeek 还可以帮助我们培养积极心态。它能够通过提供积极的心理暗示和激励内容，帮助我们重塑思维模式。

可以让 DeepSeek 每天推送一些正能量的话语、励志故事或成功案例，鼓励我们以积极的视角看待生活中的挑战。

可以将 DeepSeek 视为一个值得信赖的助手，通过它来设定并实现个人目标，同时收获积极的心理反馈。第一，可以利用 DeepSeek 协助设定小目标并逐步达成，从而提升自我成就感；第二，通过让 DeepSeek 以我们喜欢的风格进行赞美，借助正向反馈来激发积极思维，培养乐观的心态。

学生小童利用 DeepSeek 制订了暑期学习计划。他不仅提前完成了所有作业，还额外预习了新学期的课程。随后，小童向 DeepSeek 输入指令："我在暑假中完成了所有作业，还额外预习了新学期的功课，请你扮演哪吒的角色夸我。" DeepSeek 便生成了一段以哪吒语气表达的赞美之词，让小童感到十分开心和满足。最终的生成结果如下图所示。

> 我在暑假中完成了所有作业，还额外预习了新学期的功课，请你扮演哪吒的角色夸我。
>
> 已深度思考（用时 16 秒）
>
> （火尖枪往地上一杵，混天绫在身后猎猎作响）好小子！小爷我当年闹海时都没你这般利索！暑假作业全搞定不算，还提前修炼新功法？这劲头比小爷踩风火轮还快三千里！来来来，这乾坤圈你先拿着，开学考场上谁敢不服，就说是小爷我哪吒罩的兄弟！（三昧真火在掌心燃起）这般勤勉，怕不是要抢了我三坛海会大神的名号？

DeepSeek 通过精准识别心理问题、提出有效的缓解措施以及引导积极心态，为用户提供了全面的心理健康支持。它帮助人们在快节奏的现代生活中保持良好的心理状态，拥抱更加健康、积极的生活方式。

7.5 用 DeepSeek 理性分析情感与婚姻问题

在情感与婚姻中，我们常常面临各种困惑和挑战。这些问题不仅影响个人的幸福，还关系到家庭的和谐与稳定。DeepSeek 能够帮助我们理性分析这些难题，提供全新的视角与解决方法。无论是在恋爱中寻找情感方向，还是在婚姻中应对矛盾和危机，DeepSeek 都能助力我们更好地经营感情、维系婚姻，从而实现情感生活的幸福与平衡。

7.5.1 恋爱中的困惑：DeepSeek 助力我们找到情感方向

在恋爱过程中，我们有时会猜不透心仪对象的心意，因此感到纠结和迷茫。此时，我们可以借助 DeepSeek 来分析双方的聊天记录，以辅助判断对方的情感态度，从而更好地与伴侣沟通。当恋爱中出现矛盾和冲突时，DeepSeek 可以对争吵中的话语进行语义分析，识别出引发矛盾的核心问题：究竟是价值观差异、生活习惯不合，还是沟通方式不当。

比如，情侣在讨论周末活动安排时发生争执，DeepSeek 可以通过分析对话内容，发现一方更注重户外活动以放松身心，而另一方则倾向于室内休闲。这背后实际上反映了双方在兴趣爱好上的差异。基于这一分析，DeepSeek 能够为双方提供有针对性的建议，例如寻找既能融合双方兴趣又能兼顾需求的活动，如将户外野餐与室内桌游相结合。通过这样的方式，帮助情侣找到解决矛盾的切入点，化解冲突，使感情得以回归正轨。

7.5.2 婚姻中的难题：用 DeepSeek 分析婚姻中的问题并提供解决方案

婚姻是人生的重要组成部分。然而，婚姻生活中不仅有童话般的浪漫与美好，也充满了柴米油盐的琐碎日常。夫妻之间常常面临各种问题，例如沟通不畅、家庭责任分配不均、生活习惯不一致等。如果这些问题得不到及时有效的解决，可能会对婚姻关系造成严重影响，甚至导致关系破裂。在努力维护婚姻的过程中，DeepSeek 通过情感分析技术和大数据支持，能够帮助夫妻更好地理解彼此，识别问题根源，并提供切实可行的解决方案，从而助力构建更加和谐的家庭关系。

DeepSeek 能够通过对话和问卷等形式，深入分析夫妻之间的情感状态和潜在问题。通过对话或问卷中传达的信息，DeepSeek 能够识别出夫妻之间的沟通模式，判断是否存在消极沟通方式（如指责、冷暴力等），并提供改善建议。例如，DeepSeek 会建议夫妻在交流时采用积极倾听、表达感受而非指责的方式，以增强彼此的理解和信任。

DeepSeek 还可以根据夫妻的具体情况，提供个性化的婚姻辅导方案，包括定制化的婚姻教育课程、情感修复计划以及家庭责任分配建议等。例如，对于存在情感背叛的夫妻，DeepSeek 会建议双方进行深入的情感复盘，分析背叛的原因，并提出重建信任的具体步骤。

7.5.3 情感修复：DeepSeek 如何帮助我们应对情感危机

在友情的长河中，偶尔也会泛起情感危机的涟漪。DeepSeek 能为我们化解友情困境、修复情感创伤提供有力支持。

以晓妍和嘉怡这对多年好友为例，她们因一次误会产生了隔阂。在一次外出旅游的筹备中，嘉怡负责订酒店，晓妍负责规划行程。嘉怡订的酒店价格便宜但条件一般，导致两人在旅途中连连失眠。晓妍一气之下指责嘉怡做事不认真，嘉怡觉得自己尽心尽力却遭误解，两人大吵一架，此后便不再联系。

如今，晓妍希望缓和与嘉怡的关系，重新与她重归于好。她向 DeepSeek 求助，并请其进行分析。DeepSeek 总结认为她们都很重视这段友情，因此晓妍挽回友谊的可能性很大，并为她们制定了友情修复方案。

DeepSeek 建议晓妍先主动联系嘉怡，约她到一个安静的咖啡馆见面，真诚地表达自己对冲动指责的懊悔，并解释当时因失眠和压力大而情绪失控。同时，嘉怡也应倾听晓妍的解释，说明自己在订酒店时的考虑和难处。在见面过程中，DeepSeek 提醒她们使用温和、理解的语言，多回忆过往的美好时光。

晓妍按照 DeepSeek 的建议行事，嘉怡欣然赴约。两人坦诚交流后，解开了心结，并都意识到了各自的问题。此后，她们重新找回了昔日的亲密，友情愈发深厚。DeepSeek 凭借其精准的分析与合理的建议，帮助这对好友化解了情感危机，重拾了珍贵的友情。

DeepSeek 为我们在情感与婚姻问题上提供了强大的支持。无论是恋爱中的迷茫、婚姻中的难题，还是面临情感危机时的修复，它都能通过理性的数据分析与专业的建议，帮助我们更好地理解情感关系，做出明智的决策，走向更加幸福美满的情感生活。

结 语

DeepSeek的无限可能

当我们即将合上这本书，回顾在《零基础玩转 DeepSeek》中探索的旅程时，会惊觉 DeepSeek所蕴含的能量超乎想象。从初步了解其基础操作，到逐渐掌握利用它进行高效工作、精准投资以及开拓多元收入渠道和解决生活困惑，DeepSeek已经向我们展示了它作为财富自由新工具的强大实力。

在工作场景中，它凭借智能化的数据分析，帮助职场人士从烦琐的数据海洋中解脱出来，快速洞察业务关键，提升工作效率，为职业晋升增添有力筹码。在投资领域，DeepSeek的创新策略引导，使得即使毫无金融背景的职场人士也能捕捉市场细微波动下潜藏的机会，合理配置资产，实现财富稳健增长。在副业开拓方面，它更成为灵感源泉与得力助手，助力职场人士挖掘自身兴趣与技能，在新兴领域开拓出属于自己的第二收入曲线。在社交与生活领域，DeepSeek帮助我们识别短板，解决社交与健康问题，拥抱更美好的人生。

我们目前所领略的仅仅是 DeepSeek的冰山一角，随着科技持续迭代，它将不断进化，与更多行业深度融合，解锁更多应用场景。DeepSeek的无限可能，等待着每一位勇于探索的职场人士去挖掘。希望大家合上本书后，能带着对科技的热忱与对财富自由的执着，持续探索 DeepSeek，让它在自己的人生中创造更多奇迹，真正实现财富自由的美好愿景，拥抱充满无限可能的未来。